大潟村物語

新生の大地・湖底のふるさと

戸井田克己
Katsuki Toida

ナカニシヤ出版

はじめに

秋田県大潟村《おおがたむら》は、かつて琵琶湖に次ぐ日本第二の湖だった八郎潟《はちろうがた》を、国営事業によって干拓してできた村である。周囲を調整池と排水路に囲まれた巨大な中央干拓地は、面積一万五千余ヘクタール（東・西・南・北にある周辺干拓地を合わせると一万七千余ヘクタール）、東京二三区の四分の一の大きさに匹敵する。山手線の内側ならその三倍にも相当する広大なものである。

干拓作業の途上、やがて産声《うぶごえ》を上げるこの村に名前をつけることになった。そして命名されたのが、「将来への大きな理想と躍進への願い」を込めたという「大潟村」だった。八郎潟の古名の一つに「大方《おおがた》」があり、その名を生かそうとしたこともある。干拓は近世末期からの宿願であり、日本人にその主食たる米を腹一杯食べさせるための待望の大地だった。

日本人と米とのかかわりは深く、そして長い。近年の研究では、原初的な陸稲《りくとう》が中国から伝わり、日本で栽培されるようになって六〇〇〇年、北九州で水稲《すいとう》耕作が始まってからは二六〇〇年になる。水稲は畑作物と違って連作ができるだけでなく、炭水化物の含有はもとよりのこと、蛋白質にも富み、しかも食味の良い食品である。日本人はこれを文字通りの「主食」として長年の友とし、この国の生活様式や文化全般を作り上げてきた。「イネ―コメ―メシ」という三態を別々の言葉で表し、それぞれの状態に応じた数多くの語彙《ごい》を派生させながら、それらと密接にかかわってきた。

さて、ようやく積年の思いがかない、ここに全国から五六名の入植者たちが集《つど》うことになる。昭和四一（一九六六）年一一月一〇日のことだった。彼らは単身、ここで厳しい訓練を経たのち、一年後、晴れて家族とともに入植した。入植はその後、昭和四九年まで段階的に進められ、合わせて五八〇名の入植者とその家族がこの「新生の大地」を踏んだ。そして四年後、昭和五三年に秋田県事業として玉川《たまがわ》ダム水没移住の九名が加わり、入植者は総勢五八九名となった。

彼らにとってここは、やがて「湖底のふるさと」となっていく愛《いと》おしい場所だった。しかし奇《く》しくもこの時期、国内の米余りが顕在化して、国は昭和四六（一九七一）年、米の生産調整、いわゆる「減反《げんたん》政策」へと一八〇度転換した。輝く未来を約束されたはずの稲作の大地・大潟村は、開村当初から難題を抱えての船出となった。

本書は、かつて「モデル農村」と呼ばれたこの村が、いかに誕生し、今日までどう変化したか、減反政策が進展する中で村民たちはどう生き、行動したかをたどろうとする物語である。本書中の資料は筆者が現地調査で得たものが中心で、一九九二年から二〇〇六年にかけて何度か足を運んで収集した。調査の不足もあり、古くなった資料もあるが、令和新時代を迎えたいま、物語の事始めとして綴《つづ》っておきたい。

なお、終章の第八章では、著者がこのところ関心を寄せている「青潮《あおしお》」、すなわち対馬《つしま》海流との関係から、この大地の民俗的な意味づけについても検討したい。「青潮」という語は近年、一部の海洋学者たちによって、海洋汚染の形容詞として道理のない汚名を着せられている。しかし本来、「青潮」は歴とした日本の文化語彙であって、それを名に冠した地名や文物《ぶんぶつ》も少なくない。「黒潮《くろしお》」の分流として、古来、日本人に親しまれてきた暖流なのである。その潮の流れと、新たに生まれた干拓地（入植地）とを関連づけ、それを民俗学的に考察するのはなかなかに難しい作業である。しかし、この難題にもあえて挑戦してみたいと思う。

また、巻末には補遺《ほい》として、かつて高校に在職した当時にしたためた拙稿を再録することにした。この小論は、まだ日本農業が鎖国ともいうべき時代にあって、きたるべき国際化時代の農業と、その教育のあり方を展望してみたものである。

著　者

目次

はじめに　i

一　大潟村前史　2

（一）八郎潟の記憶　2

（二）八郎潟の干拓　14

（三）それぞれのふるさとで　16

二　全国からの入植者たち　22

（一）選抜試験を受ける　22

（二）入植訓練の日々　24

（三）家族との再会と出会い　33

三　開村当初の思い出　36

（一）農耕とともに　36

（二）民俗の継承と創造 42
四　新しき村への道 49
（一）入植の条件 49
（二）村民の意識 56
五　減反政策のなかで 64
（一）青刈り 64
（二）ヤミ米 72
（三）うまい米を作る努力 80
六　「作る」ことから「売る」ことへ 91
（一）グループ出荷 92
（二）大潟村カントリーエレベーター公社 96
（三）大潟村農協 101
（四）産直センター 103

七　激動のなかを生きた人たち　105
八　「青潮」がくれた入植地　116
（一）新生の大地と青潮　117
（二）青潮と稲作　118
（三）青潮と民俗　120
補遺　国際化と日本農業
——モデル農村・秋田県大潟村で考えたこと——　132
（一）はじめに　132
（二）大潟村略史　135
（三）モデル農村の現在　137
（四）国際化と日本農業　141
（五）地理教育における日本農業の取扱い　149
おわりに　155

大潟村物語——新生の大地・湖底のふるさと——

一　大潟村前史

（一）八郎潟の記憶

大潟村《おおがたむら》（図1）が誕生する以前、そこには日本第二の湖、八郎潟《はちろうがた》(1)が広がっていた（写真1）。現在ではそこに、かつてその湖底であった広大な中央干拓地が姿を現している。そのほぼ中央には東経一四〇度、北緯四〇度の交会点があり、そこに干拓記念碑（写真2）が立てられている。

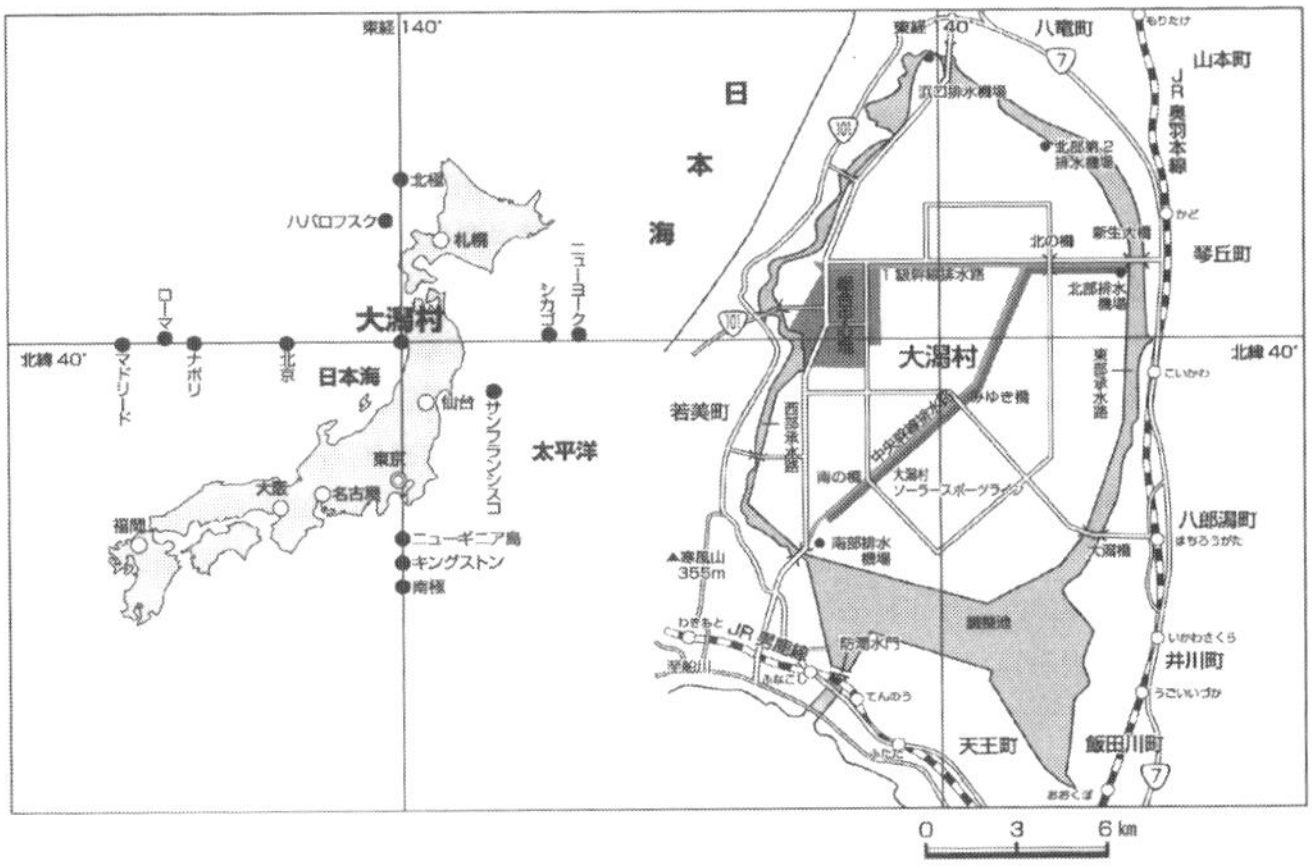

図１　秋田県大潟村の位置

〔出所〕『大潟村――2000 大潟村勢要覧』より転載。一部加筆。

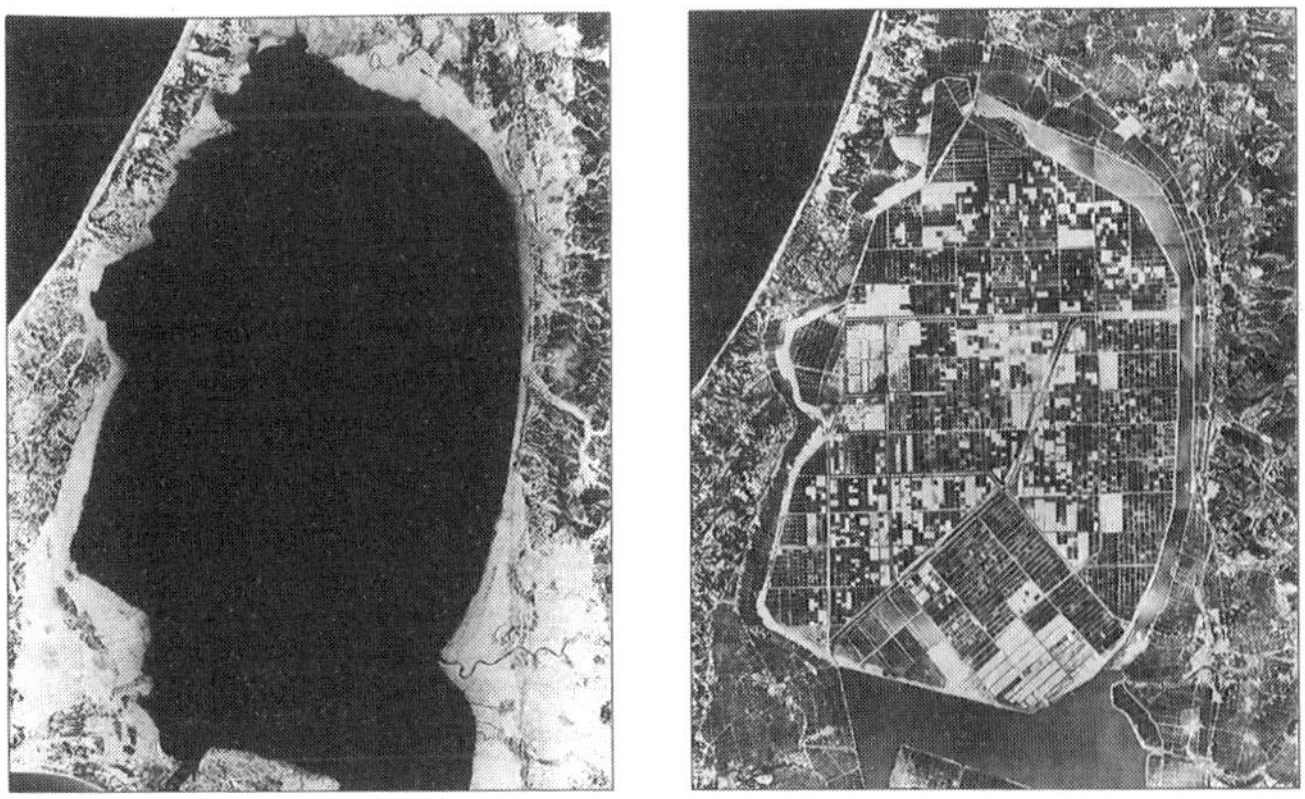

写真１　八郎潟（左，1957 年）と大潟村（右）

日本第二の湖が「新生の大地」となる。

〔出所〕大潟村提供。

現在の村の景観（写真3）からはここが湖の底であったことはまったく知るよすがもないが、汽水湖《きすいこ》の八郎潟（塩分濃度は〇・二一〜〇・三六パーセント）は、海水魚や淡水魚、シジミなど、多くの恵みを人々にもたらしてきた。

まずは、往時の八郎潟の記憶をたどってみよう。

写真2　中央干拓地に立つ干拓記念碑
この場所が東経140度、北緯40度の交会点であることを示す。

写真3　大潟村の集落景観（2002年8月）
防風林の間にモダンな家屋が建ち並ぶ。

①湖岸の生活

干拓以前、八郎潟は豊かな漁場であった。そこには半農半漁《はんのうはんぎょ》を営む人々が生活を依存し、「大潟村前史」とも言うべき、あたかも悠久の時を刻んでいた。湖岸では、例えば次のような風景が展開されていた。

幼少の頃、朝のまだ暗いうちにガンガン部隊（行商のおばさんたち）だった祖母と共に浜へ行き、砂浜に池を作って漁から帰る父を待つ。ドッドッドッドッとエンジンの音を響かせ、朝日を浴びながら魚を満載した潟舟が浜に帰ってくる。「誠っ」と父が銀色に輝く鮒を一匹、舟から砂浜で遊んでいた私に投げてよこす。祖母が魚をガンガンに整理するまで、私は池に鮒を泳がせて遊ぶ。そのうち三輪トラックが浜に来て、ガンガン部隊を荷台に乗せて行く。私も一緒に乗って家に帰る。これが、私の記憶に残る最も古い八郎潟との出会いであり、年の頃は三～四歳頃だったと思います。

あの頃の魚は美味かった。特に、生きたまま刺身で食べる白魚にわかさぎ、鰻の蒲焼き、ナマズのだまこもち貝焼きなどなど、本当に美味しい魚でした。家は父が漁師・祖母が魚の行商・母と祖父が農業という、当時の八郎潟周辺の典型的な半農半漁でした。

表１　出身地別入植者数（大潟村）

出身地	入植者数(名)	割合(%)
秋田県	323	54.8
北海道	84	14.3
東北地方	54	9.2
関東地方	16	2.7
中部地方	46	7.8
近畿地方	16	2.7
中国地方	19	3.2
四国地方	9	1.5
九州地方	22	3.7
計	589	100

（注）１都１道36県から入植。秋田県営事業の９名を含む。
〔出所〕「Big Country 大潟村」による。一部加筆。

表２　第１次入植者の出身地（大潟村）

出身地		人数(名)
秋田県		小計　28
	八郎潟湖岸地域	14
	その他の地域	14
秋田県以外		小計　28
	うち　北海道	4
	青森県	1
	岩手県	3
	宮城県	1
	山形県	1
	福島県	1
	千葉県	1
	新潟県	2
	福井県	1
	愛知県	1
	三重県	4
	兵庫県	1
	奈良県	1
	岡山県	1
	愛媛県	1
	高知県	1
	福岡県	1
	鹿児島県	2
計		56

(注) 八郎潟湖岸地域とは、天王町、飯田川町、井川村、五城目町、八郎潟村、琴丘町、八竜町の７町村。
〔出所〕「大潟村第１次入植者名簿」により作成。

右の美しい情景描写の文章は、八郎潟北東岸に位置する琴丘《ことおか》町（旧鹿渡《かど》町）に生まれた木《き》村《むら》誠《せい》一《いち》さん（昭和二七年生まれ）が、干拓が始まる前夜、最後の八郎潟でみられた風景の一コマを綴ったものである。(2)

大潟村への入植者の出身地は、北は北海道から南は沖縄県にいたるまで全国各地に及んだが、地元秋田県が半数以上の五四・八パーセントを占めていた（表1）。さらに第一次入植者の五六名についてみると、その四分の一にあたる一四名が周辺町村からの入植者であり（表2）、琴丘町から入植した木村さんの父もその一人だった。ちなみに、一家の出身地である琴丘町の町名は、八郎潟の異名の一つ、「琴湖《ことのうみ》」(3)から一字を取ってつけられたものである。

八郎潟の湖岸一帯は低湿な土地柄であり、水田以外にはほとんど農地らしい農地をもたない純稲作的な地域であった。しかし、農家の九割ま

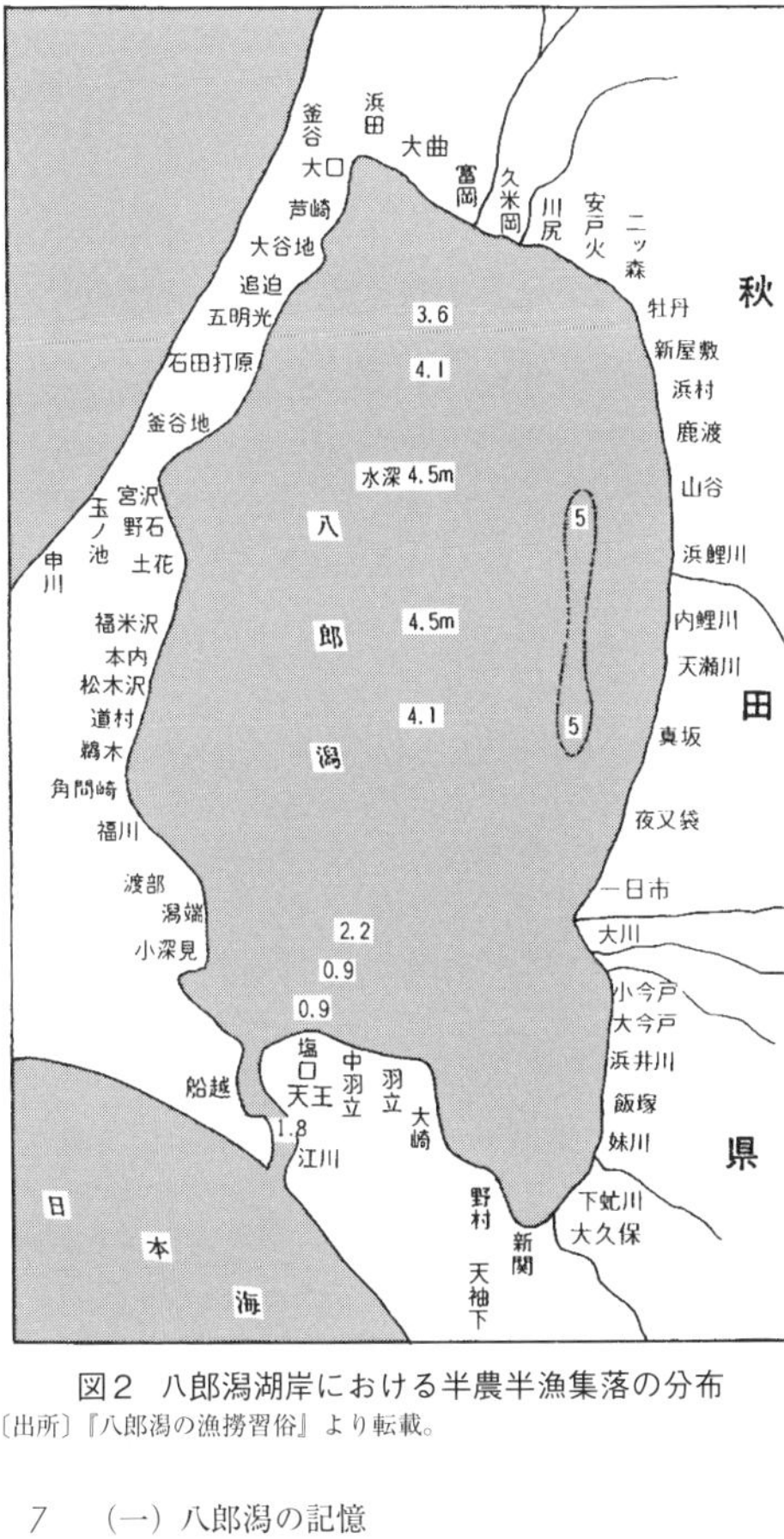

図2　八郎潟湖岸における半農半漁集落の分布
〔出所〕『八郎潟の漁撈習俗』より転載。

でが五反《たん》から一町《ちょう》五反ほどの土地しか所有しておらず、稲作専業としては農地が不足していたので、必然的に漁業にも従事する家が多くを占めた。琴丘町も、特に旧鹿渡村（のち旧岩川《いわかわ》村と合併して旧鹿渡町となる）に属した地域では漁業が盛んで、農家の半数以上が八郎潟漁業を取り入れた半農半漁を営んでいた。(4) 周囲八十余キロの八郎潟の湖岸には、このような村が点々としており（図2）、いずれにおいても似たような半農半漁がおこなわれていた。(5)

そうした集落の一つ、向かいの八郎潟北西岸に位置する八竜《はちりゅう》町（旧浜口《はまぐち》村芦崎《あしざき》）の伊藤功正さん（昭和一五年生まれ）は、八郎潟とのかかわりを次のように記している。(6) なお、八竜町の町名は八郎太郎伝説(7)にちなむものであり、琴丘町同様、八郎潟との由緒の深さを伝えている。

祖父・父は農業の傍ら、海老かご漁、刺網による鮒・ボラ・セイゴ・カレイ・シジミ貝等、数々の漁をして生計の一部を賄っていた。食の蛋白源でもある八郎潟は、日常生活にかけがえのない湖でありました。八郎潟には多くの藻があり、それを舟に積んで湖岸からは馬車に積替え、家の近くにある堆肥場で稲藁・麦藁・山草などと積み混ぜて発酵させ、堆肥づくりには欠かせない資材でありました。更には、砂で埋め立てたため、夏の暑いなかへドロを舟で運び麦藁で囲んだ枠の中に入れ、乾燥した土を客土として冬場投入して土壌改良に役立たせ、そこに住む農民の知恵の一場面とも思える農村風景でありました。

右のように、汽水湖である八郎潟にはフナ（鮒）やシジミといった淡水性の魚貝、セイゴやその出世魚であるスズキといった汽水性の魚貝、そしてカレイなどの海水性の魚貝など、潮入湖（汽水湖）であるがゆえの多種多様な魚貝が豊かに生息し、生きるうえで欠かせない蛋白源を地域住民に提供していた。また、浅い湖底に発生する大量のモ（藻）を堆肥づくりに利用し、田畑の肥料として活用していた。このように、湖岸における稲作と漁業との複合は、食料供給のうえでも、また生産維持の面でも、まことに合理的に他を補完しあう知恵ある生業複合《せいぎょうふくごう》として機能していた。

②八郎潟の伝統漁労

八郎潟での漁労《ぎょろう》は、夏にはうたせ漁《りょう》、冬には氷下漁《ひょうかりょう》という具合に、通年操業がおこなわれ、湖岸の人々の栄養を補った。当時の漁労の様子をみてみよう。

●半農半漁集落の立地

干拓が始まる直前の昭和三〇年代初頭、八郎潟の湖岸には、男鹿《おが》市・南秋田《みなみあきた》郡・山本《やまもと》郡に属する一市一〇町の計五六集落（前掲図2）が分布していた。これらはいずれも半農半漁を主体とする村々であったので、集落は漁船を係留するのに都合のよい入り江や、小河川の河口部などに立地していた。

●漁獲高

八郎潟漁業の民俗を丹念に記録した『八郎潟の漁撈習俗[8]』によれば、昭和初期における湖岸全域の漁獲高は数十万から百数十万貫（一貫《かん》は三・七五キロ）で、年による変動が大きかった（表3）。これは稚魚成育の周期性によるものと考えられ、ほぼ三年周期で漁獲のピークが訪れていた。

一方、漁獲高を地域別にみると、南部の天王村《てんのう》（当時）が最高で約四五万貫（図3）、うち羽立《はだち》集落では一戸あたり約一八〇〇貫（約六七五〇キロ）であった（統計年次不詳）。なお、前出の木村誠一さんの旧鹿渡《かど》町は約二〇万貫で第四位、伊藤功正さんの旧浜口《はまぐち》村は約一〇満貫で第六位となっている。

表3　八郎潟における漁獲高

年　次	漁獲高（貫）
昭和6年	1,162,132
7年	353,723
8年	716,091
9年	1,710,455
10年	786,290
11年	594,578

〔出所〕『八郎潟の漁撈習俗』により作成。

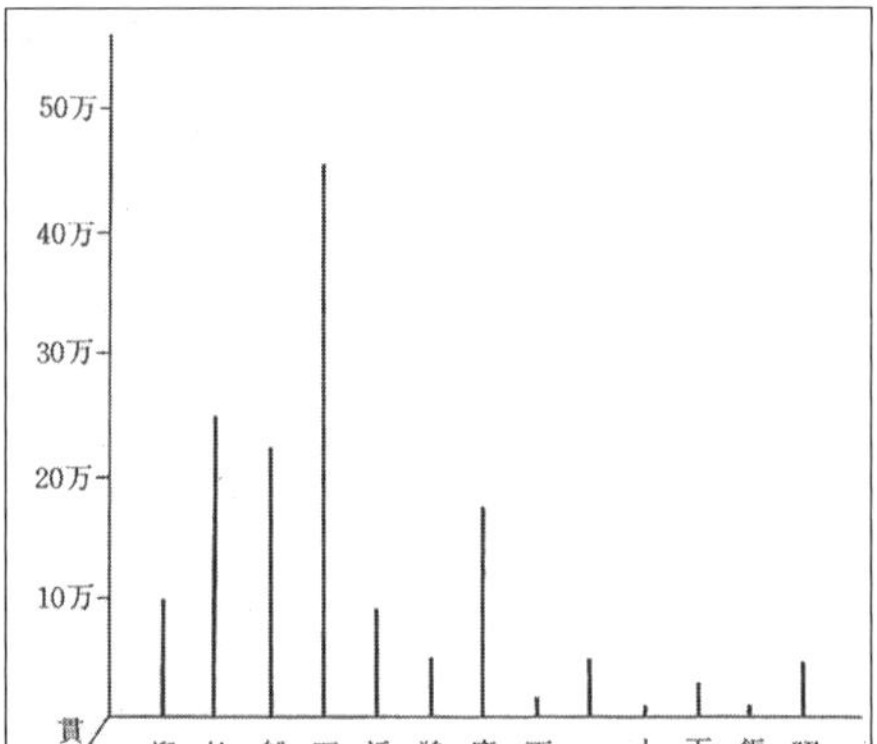

図3　八郎潟湖岸における地域別漁獲高

（注）統計年次不詳（ただし、昭和6年〜昭和11年頃）。

〔出所〕『八郎潟の漁撈習俗』より転載。

●うたせ漁

帆いっぱいに風を受け、湖上をすべるように動く「うたせ船《ぶね》」（打《うだ》瀬《せ》船《ぶね》）（写真４）は、八郎潟を代表する秋の風物詩であった。例年九月上旬から湖面に氷が張る一二月頃まで、多数のうたせ船が湖に出て白魚《しらうお》漁に精を出した。ただし、その歴史はそう古くなく、大正初期、茨城霞《かすみ》ヶ《が》浦《うら》の「しらうお帆《ほ》曳網《びきあみ》漁業」を旧浜口村の阪本某《なにがし》が取り入れたのが嚆矢とされる。(9) しかし導入後は大小の潟舟《かたぶね》（図４）に帆が取りつけられ、この漁法が一気に広まっていった。最盛期には一〇〇隻《せき》を超すうたせ船が湖面に帆を張った。

うたせ船による「うたせ漁」は、曳網《ひきあみ》漁法の一種である。水深が浅く湖底が平坦なことから、八郎潟では引き網を使う漁が多くおこ

写真４　帆に風を受ける「うたせ船」
風の力を利用して「打瀬網」を引く曳網漁法。
〔出所〕大潟村提供。

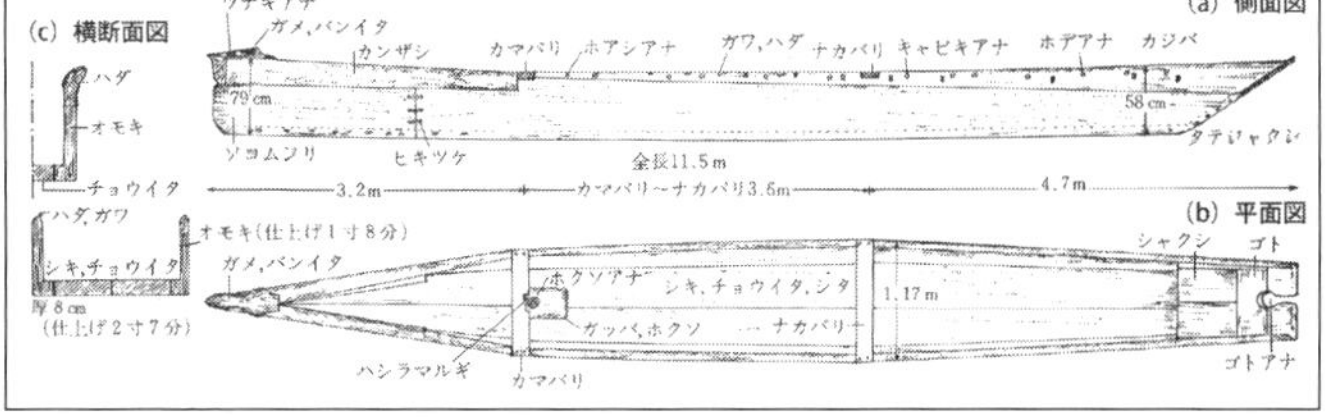

図４　潟舟の構造
〔出所〕『八郎潟の漁撈習俗』より転載。

なわれた。しかし、湖岸を覆い尽くすように葦《あし》が生えていたことから、湖岸からの引き網が難しい場合も少なくなかった。そこで湖岸近くには定置網である建網《たてあみ》を設置し、建網のない沖合ではうたせ船に引き網（これを「打瀬網《うたせあみ》」といったことから「うたせ船」の名がある）をつけて風の力を利用して網を引いた（図5）。沖合には帆を掛けたうたせ船が、岸辺の水面《みなも》には網を張るために設けられた木の杭が突き出している風景が眺められた。うたせ漁は戦後、動力船が普及するにつれて下火となり、昭和二七～二八年にはその姿を消した。昭和二七年生まれの木村誠一さん（前出）の原風景からは、うたせ船の雄姿はすでに失われていたと思われる。

●氷下漁

湖面が結氷する冬季も、八郎潟では漁業がつづけられた。特に湖面の氷が固くしまる一月中旬から二月中旬頃まで、氷の下に網を差し入れてする氷下漁《ひょうかりょう》が盛んにおこなわれた。氷下漁には、氷下刺網（刺し網漁の応用）や氷下曳網（曳き網

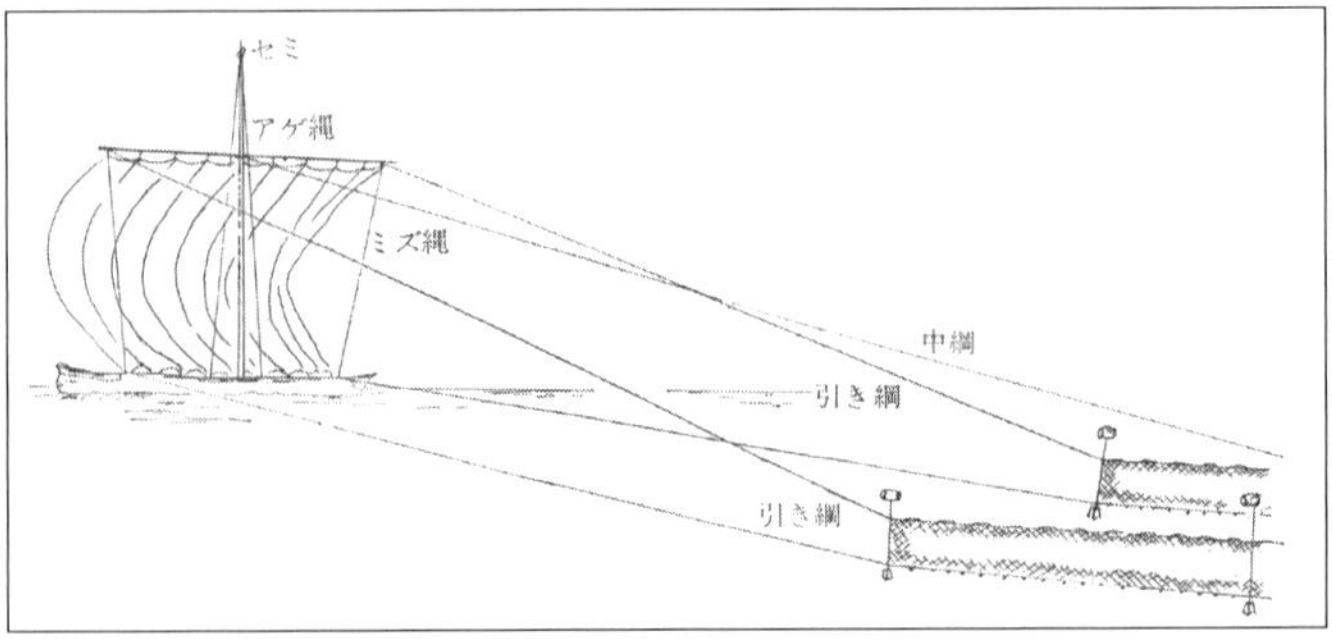

図5　打瀬網を引く「うたせ船」（概念図）
〔出所〕『八郎潟の漁撈習俗』より転載。

漁の応用）があるが、後者は寛政六（一七九四）年に久保田《くぼた》（現秋田市）の商人、高桑屋与四郎が信州諏訪湖《すわこ》から導入したものと伝えられ、これによって漁獲量が飛躍的に増加したといわれている。江戸後期の紀行随筆画家・菅江真澄《すがえますみ》（一七五四〜一八二九年）は、この氷下曳網に強い関心を寄せ、文化七（一八一〇）年一月の風景を、「比遠能牟良君《ひおのむらぎみ》」に挿し絵とともに記録している。(10)

　獲物はワカサギ、フナ、ゴリ、シラウオなどを狙った。冬季は魚群が氷の下にあり動きが鈍くなっているので、特にワカサギ・フナ・ゴリなどの大群に当たると一度に数千キロの水揚げをみることもあった。曳き場を決めると、まずテジカラ（潟鍬）でシコミアナ（網を氷の下に入れる口）を切りあけ、そこから曳網や両ソデ網を落とし入れる。そして、シコミアナから左右に分かれて適当な距離をおいてサオアナ（竿孔）をあけ、引き網の先端につけたクリコシナワ（繰り綱）をツキザオ（突き竿）で氷の下に送り、二

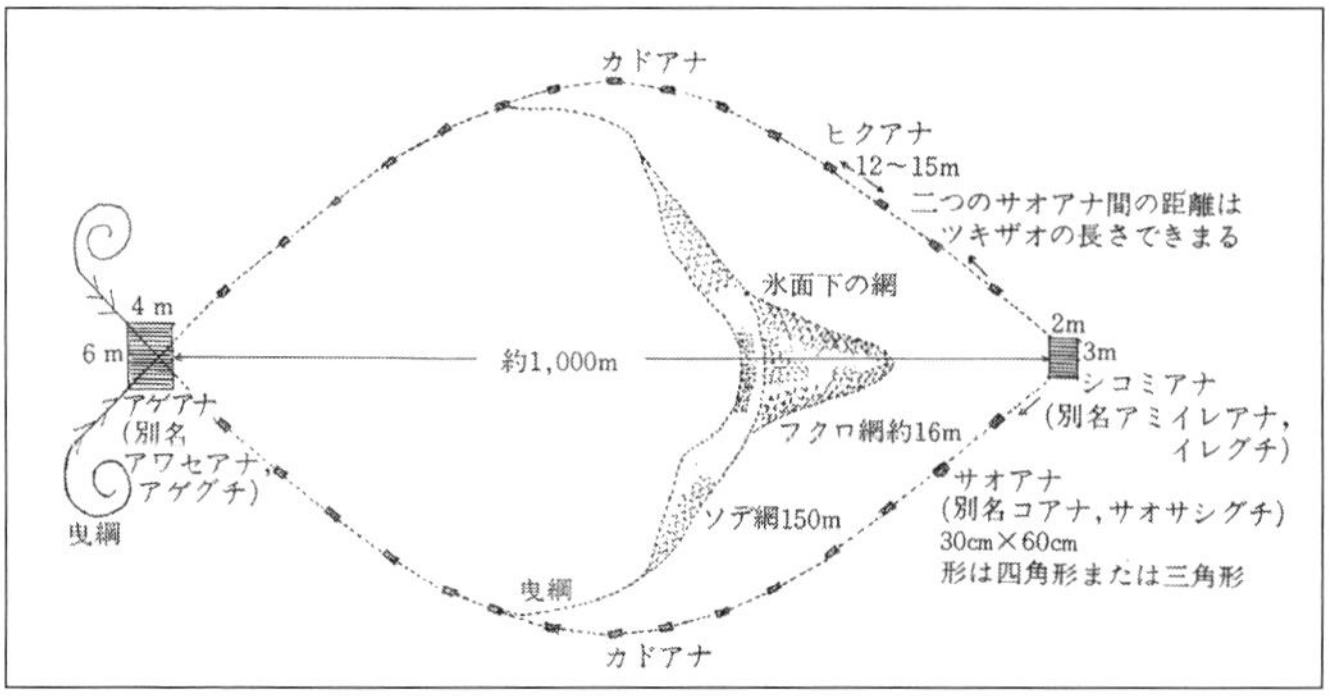

図６　氷下曳網の操業法（概念図）
〔出所〕『八郎潟の漁撈習俗』より転載。

手に分かれて両ソデ網を張り広げる。このように引き回しながら、最後にシコミアナに相対してアゲアナ（網もろとも魚を釣り上げる口）で引き網を交差し、ついでソデ網を引き上げ、フクロ網にいたって魚を捕獲する（図6）。なお、これらの漁具のほか、網を運ぶ「網ぞり」や、滑らないように足に履《は》く「すべりどめ」などの用具も氷下漁の必需品だった[11]。

（二）八郎潟の干拓

八郎潟は水深が三メートルほど、最も深いところでも四～五メートルと浅く、しかも湖底はいたって平坦だった[12]。このため干拓しやすい条件を備えており、早くからいく度となく干拓計画が持ち上がったが、なかなか実現にはいたらなかった。安政年間（一八五四～五九年）に出された、地元若美町《わかみ》（旧渡部村《わたなべ》）の渡部斧松《わたなべおのまつ》による「八郎潟疎水案」は、最も早い時期における素案の一つである。近代、現代となってからも、大正一三（一九二四）年、昭和一六（一九四一）年、そして戦後の昭和二三（一九四八）年と、国の干拓構想が浮かんだが、その都度財政難その他の事情から、結局は実現にいたらずに立ち消えになっていた。

しかし八郎潟は、周囲から流入する大きな河川を持たず、しかも淡水と海水とが混じり合う汽水湖だったから、周辺の村々ではいつも農業用水が不足しがちだった。そのため湖岸で半農半漁を営む人々にとっては、農業用水の安定供給が切実な願いであるとともに、潜在的に農地拡大への要求も強かった。その一方で、大正末期から大戦前後にかけては、国の食料増産が強く求められた時期である。かくして、地元と国の利害は合致して、干拓への要請は高まっていた。そこで当時の農林省は昭和二七（一九五二）年、秋田市に八郎潟干拓調査事務所を設置して準備を開始し、四年後の昭和三一年、「八郎潟干拓事業計画」がまとめられた。

干拓はこの計画に基づいて、翌昭和三二（一九五七）年、国営事業としてスタートした。以来、工事は着々と進み、昭和三九（一九六四）年九月、ついに湖底の一部が顔をのぞかせた。以後も順次干拓が進捗し、次々と新生の大地が作り出されていった。そして昭和五二（一九七七）年三月、計画されたすべての干陸化が終わり、干拓事業は終了した。およそ二〇年の歳月と、八五〇億円の巨費を投じた一大国家プロジェクトであった(13)。

このように、八郎潟の干拓はきわめて巨大なプロジェクトであった。だが、それだけに、当時行われた全国の他の干拓のケースと比べて事業が遅れがちであり、それがため、食料増産への対応としては後手に回ったきらいがある。この新生の大地が抱える大きな問題点がここにあった。また、この干拓事業は淡水湖の干拓ではなく、塩分を含む汽水湖のそれであった。このことがもう一つの特徴となっている。

（三）それぞれのふるさとで

大潟村への入植者は全国各地から集まった。彼らはそれぞれの土地でそれぞれの人生を歩み、そして、大潟村で同志として一体となった。入植者たちがこの新しき村にやってくる以前、それぞれのふるさとでどのような暮らしを送ってきたのか。そのいくつかのを眺めてみよう。

髙野繁さん（第三次入植者、秋田県岩城町出身、昭和九年生まれ、岩城農場経営）

髙野繁《たかのしげる》さん（写真5）は秋田県西部の日本海に臨む由利《ゆり》郡岩城《いわき》町の出身で、昭和四四（一九六九）年、第三次入植者一七五名の一人として大潟村の土を踏んだ。第一次の入植に応募したものの倍率が高く、第二次、第三次と入植の時期を待たねばならなかった(14)。大潟村にたどり着くまでの髙野さんの人生は、移動続きの、じつにドラマチックなものである。

●北海道へ

農家の次男として生まれたため家を継ぐことができなかったが、農業には強い関心を寄せていた。そこで高校を卒業するとすぐに北海道白老《しらおい》町の叔父のもとに行き、農業の修業を積んだ。しかし、冬の寒さが厳しいのには何ともかなわず、半年ほどで自宅に戻ることにした。そしてさらに大きな農業を経験してみたいとの思いからブラジル行きを決意する。北海道の寒さに辟易《へきえき》していたせいもあり、ブラジルの暖かさにも惹《ひ》かれていた。現地の「コチア産業組合」という団体が主催する、日本青年受け入れの二年間の事業に参加して自分を試してみるつもりだった。

●ブラジルへ

ブラジルに渡ったのは昭和三〇（一九五五）年、二一歳の時である。まず夜汽車で秋田をたち、神戸まで行った。三宮《さんのみや》に移住斡旋《あっせん》所というものがあり、そこに一週間滞在してポルトガル語とブラジルの習慣を学んだ。一週間後、神戸港でオランダ船に乗り込み、一路サントス港を目指した。沖縄、ホンコン、シンガポール、モーリシャス、ケープタウンと経由し、そこから大西洋をリオまで一気に渡ってようやくサントスに到着した。家を出てから五八日、初めて経験する長旅だった。船が沖縄を出るとき、自然に涙が湧いてきた。

サントス港に着くとすぐに近くのスザノ市に入った。日本人入植者の多い町だったが、当初張り詰めていた気持ちの反動からか、一年ほど経ったところで一種のホームシックにかかり、まっ

写真5　収穫間近い田に入る髙野繁さん（2002年８月）
どこまでも続く大潟村の田園風景。

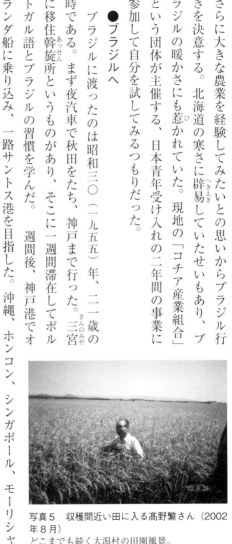

たく元気が出なくなってしまった。悶々《もんもん》としながら半年も仕事を休んだ頃であったか、たまたま秋田県人会があり、そこで三船さんという同郷人と打ち解けてすっかり元気を取り戻すことができた。余談だが、三船さんは俳優・三船敏郎の従兄弟《いとこ》にあたる人である。やがて予定の二年が過ぎたが、ここで一念発起し、もうしばらくブラジルで農業に打ち込んでみようという気持ちが沸々とわいてくる。

自らサンパウロ郊外のアチバイア市というところに小作の話を探し、そこに住み込みで農作業に従事した。経営者は日本人で、高知県出身の石元さんという人だった。主作物はバレイショと陸稲《りくとう》、フォードやファーガソンといった大型農機を使っての作業である。大型コンバインの操作にも習熟し、しだいにメカにも強くなっていった。この時の経験がのちの大潟村でも生きている。

移民の国ブラジルは人種差別のない世界である。そこでは日本人は頭がよく、よく働くと評価された。ブラジル農業の発展に多大なる貢献をした民族とも言われていた。そのため住み心地は悪くなく、一年、また一年と時間が経っていった。

●そして郷里へ

結局五年ほどが過ぎたとき、実家から声がかかり、郷里の岩城《いわき》町に帰ることにした。この間兄が教員になっており、家が兼業農家となっていたので、農業をもっぱら引き継ぐためである。郷里に戻り、落ち着いたのは昭和三七（一九六二）年、二八歳の時である。大潟村への入植を決意するその時（第一次入植への応募）が四年後に迫っていた。

木村誠一さん（第一次入植者・二世、秋田県琴丘町出身、昭和二七年生まれ、大潟村役場勤務）

木村誠一《きむらせいいち》さん（前出）は、大潟村企画課長（聞き取りした二〇〇二年当時）として大潟村役場（写真6）に勤める入植者二世（後継者）である。前述のように、木村さんの家は八郎潟北東岸の琴丘《ことおか》町で半農半漁の生活を営んでいた。第一次入植で一家が入村するのは昭和四二（一九六七）年だったから、木村さんが一五歳、高校に入ったばかりの頃である。木村さんにとっても、また若い両親（当時、父三六歳、母三四歳）にとっても、この時、それまでの生活が一変したわけである。

●干拓工事

子供の頃は学校の帰りや休みの日に、よく八郎潟で遊んだものである。もっとも、八郎潟などと他人行儀な呼び方はせず、大人も子供も「潟《がた》」と言った。

小学校三、四年の頃だったと思うが、干拓工事の進展とともに、目の前に広がっていた潟の風景を遮《さえぎ》るように堤防（写

写真6　大潟村役場（2002年8月）
かつての潟の少年、木村誠一さんがここに勤める。

真7）が出現した。小学校六年の時には、いよいよ排水機場のポンプにスイッチが入る段になり、「新生大橋《しんせいおおはし》」を鼓笛隊でパレードした。そして中学一年の時だったと思うが、堤防の中の水がなくなったと聞き、どんなものかと東部承水路《とうぶしょうすいろ》を泳いで渡った。堤防の向こう側に広がるあのドロドロの大地を見た時の驚き、中に入るとヘドロに胸まで埋まってしまったあの光景は、鮮烈な記憶として残っている。

写真７　排水路と堤防の眺め
奥に見える堤防の向こうにポンプで排水を汲み出す。

●家族会議

家屋敷合わせて一・八ヘクタールの農地と、豊富な魚の潟の漁業。典型的な半農半漁がわが家の生業だった。漁師だったから漁業補償金をもらい、田を買い足したが、今度は二ヘクタールの田畑だけでは生活にならない。これでは食っていけないと、父は建設現場へ、母は筵《むしろ》織りにと朝から晩まで働いた。そんな折、第一次入植の募集があり、家族会議を開いてどうするか話し合った。父は「どうせ百姓やるなら専業で」ということで、曲折はあったが、一家を挙げて入植することに決まった。

●勉強のこと

高校入学の年に入植したので、大潟村では高校通学第一号ということになる。「郷里」の琴丘町の鹿渡《かど》駅までバイクで出て、そこから汽車に乗って県立能代《のしろ》高校まで通った。長距離通学で大変だったが、父から「誠《せい》っ、しっかり勉強するんだぞ」と口癖のようにいわれていたこともあり、勉強には仕事のつもりで打ち込んだ。入植により半農半漁から農業一本の家業になったことで、大学は農学部にと心に決めた。

晴れて岩手大学農学部に合格したときも、大学入学第一号となった。やがて昭和四九（一九七四）年三月に大学を卒業、臨時職員ながら大潟村に就職する。オイルショックで厳しい年だったが、故嶋貫隆之助・大潟村初代村長から、「君は村の後継者で最初の大学卒業なのだから役場に入れ」と勧められ、入植者の大潟村職員第一号となった。今振り返ると、鹿渡の生活ではたぶん大学までは出してもらえず、大潟村に入植したからこその進路だったと思う。

二　全国からの入植者たち

（一）選抜試験を受ける

一大国家プロジェクトの大潟村へは、全国各地から多くの入植希望が寄せられた。郷里を離れての、あるいはそれぞれの生業を捨てての入植は人生の一大事だが、たとえそれを決断しても、いざ入植という段には厳しい選抜試験が待っていた。最終の第五次入植（昭和四九年）では、入植者一二〇名に対する応募者が約八七〇人、七倍強の狭き門となった。これを受験した千田万吉《ちだまんきち》さん（岩手県江刺《えさし》市出身、昭和一〇年生まれ）は、選抜試験について次のように回想している。話を聞いたのは当初入植者に用意された三角屋根の住宅（写真8）だが、時を経て改築が進み、今ではこの住宅を目にすることも少なくなってきた。

応募者の最初の関門は書類選考である。入植には出身地に屋敷・田畑・家族を残してくる「単独入植」（後戻りする余地を残した入植）と、家財一切を売り払って一家総出で入る「挙家入植」（後戻りできない入植）とがあった。どちらかを選べるのが建て前だったが、むろん後者が奨励された。言ってみれば、農地を処分して、気合いを入れて来いということだが、それは郷里の農業に土地が還元される、すなわち、農地の集約化という発想からのことでもあった。

これがどの程度審査に影響したのか定かではないが、多くが挙家入植であったのはそれが多少なりとも以上に考慮された証だと思う。おかげで一度入ると後戻りできないこともあり、大潟村を離れた入植者はこれまでほんの一桁にしかなっていない。このように、一次の書類選考では入

写真８　千田万吉さんの三角屋根の住宅
入植当初からの２階建て住宅（右側）に一部を建て増す（左側）。

植の意志が強く試され、それにかなった者だけが次のステップへと進むことができた。

二次の筆記試験には国語、数学、社会があったと記憶する。問題の中身はもう覚えていないが、まるで学校の入学試験のようだった。

これに通ると今度は最終、三次の面接と作文である。作文は自由題で、何を書いてよいのやらさっぱりわからず、そこが難しく思われた。友人の髙野《たかの》繁《しげる》さん（前出）は、ブラジルでの体験を書いたと聞いている。これらの試験は国と県とが実施したもので、一種の国家試験といえるものだった。

このように、入植には厳しい関門があったこと、国を挙げてのプロジェクトに魅力を感じる人が多かったことなどから、倍率ばかりでなく、入植者の学歴も相当高かったようである。およその数字になるが、だいたい大卒が二〜三割、高卒が五〜六割、義務教育卒が一〜二割といった内訳である。なお地元秋田では、合格者がテレビニュースでも発表され、入植者一人ひとりの名前がアナウンサーによって読み上げられた。

（二）入植訓練の日々

①訓練所への入所

第一期入植者の五六名は、倍率一一倍の厳しい試験を突破して、昭和四一（一九六六）年一一月一〇日、干拓地内にある「八郎潟入植訓練所」に入所した。宿舎は現在村の公共宿泊施設になっている「ホテルうたせ」（写真9）の施設だった。入植者はここで一年間、営農に必要な様々な訓練を受けた後、家族を呼び寄せて入村した。念願の営農生活にはまだ一年の関門があり、単身、訓練に臨んだわけである。

入所に際しては、「持ってくるもの」「持ってきてよいもの」「持ってきてはいけないもの」が決められていた。例えば、持ってくるものは洗面器、アルマイトのカップなど、持ってきてよいものは自動車、持ってきてはいけないものはタンス、ストーブなどである。なんだか引っ越しのような入所だが、この時の感慨を佐藤忠一さん（第一次入植者、秋田県鳥海《ちょうかい》村出身、昭和一〇年生まれ）は次のように綴っている。[15]

写真9　大潟村の公共宿泊施設「ホテルうたせ」
かつてここで厳しい入植訓練がおこなわれた。

昭和四十一年十一月十日、運があって八郎潟入植訓練所に入ることが出来た。一生の一大決心である。古い話だが、農家の長男は生まれた土地で家業を継ぐのがこの上ない幸せであり、定石と思うのが当然の時代である。先祖伝来の田畑を処分し未知の干拓地に入植となると、家族・親戚・友人の誰一人として賛同を得られない不幸な行為であり、本家のおじいさんは「気が違った」と言う。

初めて降り立つ船越駅、準備されたバスで訓練所まで遠かった記憶がある。船越・八竜線も途中穴いっぱいの未舗装道路、八郎潟線は開通されていなかったように思う。訓練所の周囲は白い貝殻を敷きつめた砂原、雑草一本生えていない、圃場予定のヘドロ地は天を突くような葦が密生していた。訓練所の受付で渡された物、ジャンパー上下・帽子・長靴・スキー用ゴーグル等であった。干拓記念碑の近くにあった展望台からは、寒風山に連なる琴浜（現若美町）の町並み、遠くは森山と三倉鼻採石場を望み、二万二千ヘクタールは広かった。この中で訓練所生活は始まる。最初は関係者の自動車の出入りあるだけ。

②一年間のスケジュール

訓練スケジュールは多岐にわたった。一年後、昭和四二年一〇月二七日に行われた修了式（写真10）で手渡されたB5判の修了証書には、「訓練の経過」としてじつに様々なプログラムが記されている（表4）。これを丹念に見ていくと、丸

写真10　入植訓練を終え、記念撮影をする入植者たち（1968年）
この写真は第2次入植者の修了風景を写したもの。
〔出所〕金井三喜雄氏提供（『モデル農村・大潟村の40年』より）。

一年にわたる合宿生活の中で、大型トラクターの免許取得や、営農全般にわたる技術向上のほか、金融や法令関係の知識習得、入村後の営農計画設計など、営農実践に必要な多種多様な訓練と研修が行われたことがわかる。訓練の指導に当たった元入植訓練所教官の一人、新泉昭二さんは次のように述懐している(16)。

大型機械化営農を行うには大型トラクターの運転は必須であったが、当時は大型特殊免許を持っている人が少なく、訓練の第一歩は運転免許の取得であった。訓練所の運転コースは指導員の手作りであり、公認コースとはいわれないが、周回コース・車庫入れ・S字・クランク・踏切など、必要最小限の設備は取り揃えたつもりである。大特は勿論、けん引免許も取得した人が数多くいたことを後日聞きました。

入植訓練の内容についてである。農業機械・栽培・経営・一般教養等各教科毎の習得単位をどのように設定するか、教科の中でも農業機械であれば農用トラクター及び作業機・収穫機・乾燥機・機械の整備・保守管理等の各教科項目の時間が何時間必要か、講義と実習時間の振り分け、講師は内部でよいか外部にするか、適任者は誰かなど、具体的に決めたうえで本省と協議したものである。他の教科についても同じことであり、入所式前までに週間・月間・年間の計画全ての策定が完了しておらなければならず、毎日残業で時間との競争でした。

表4　修了証書に記された「訓練の経過」（第1次入植者）

入所式	11月10日
八郎潟新農村建設の概要	11月中旬～12月中旬
トラクターの保守管理および燃料油脂	11月中旬～12月中旬
農用エンジン、および自動車の構造	11月下旬～12月下旬
トラクターの運転練習	11月中旬～12月上旬
交通法令	11月中旬～12月上旬
トラクターの運転免許試験	12月12日
トラクター作業機	12月下旬～3月下旬
農業機械の整備および格納	12月下旬～10月下旬
農用トラクター	2月中旬～4月上旬
水稲直播栽培技術	2月上旬～4月上旬
土壌、肥料（土壌分析、地耐力調査）	2月上旬～8月下旬
病害虫防除および雑草防除	2月中旬～7月中旬
測量およびかんがい排水	3月上旬～4月上旬
農業経営に必要な知識技能	2月中旬～10月中旬
農場びらき	4月5日
訓練農場実習	4月上旬～9月上旬
コンバインおよびカントリーエレベーター実習	9月下旬～10月中旬
収穫、乾燥関係	6月上旬～9月上旬
トラクターけん引運転練習	6月下旬～7月下旬
トラクターけん引運転免許試験	7月10日
初期営農計画設計	6月中旬～10月下旬
農業関係法令および農業金融	8月上旬～9月中旬
移動研修	3月上旬～9月中旬
体育（球技および運動会）	3月上旬｀8月中旬
修了式	10月27日

〔出所〕「大潟村干拓博物館」の展示資料による。

入所訓練は、営農開始後の営農集団を基礎単位として行われ、入村後の協業にも役立てられるように企図された。つまり、営農に必要な知識・技能の習得だけでなく、入植者相互の精神的なつながりを育むことも目的となっていた。そうした厳しくも、中身の濃い訓練が、多くの教官たちの献身的な努力によって遂行されていった。

③一日の日課

訓練所での一日は、学校の寄宿舎生活さながらの規律正しいものだった。例えば冬時間の「日課時限表」を見ると、まだ薄暗いうちからサイレンでたたき起こされ、夜遅くまで勉強漬けの毎日だったことがうかがえる（表5）。また、各時間の節目にはサイレンや音楽など、硬軟織りまぜた様々な音源を使って開始や終了が告知され、どこにいても皆に周知されるよう、また、自然にその気がわいてくるよう工夫されていた。

この間、右の大型トラクターなどの実習科目のほか、室内講義も多く課せられ、様々な知識・技能がたたき込まれた。例えば、用意されたテキストには、「八郎潟入植者営農の手引」（昭和四四年一月、八郎潟新農村建設事業団）、「第五次訓練テキストNO.4　農業経営」（八郎潟新農村建設事業団入植指導訓練所）、山中勇（東京教育大学農学部）著『農用トラクター』（新農村社）などがある。

ある新聞記事は、「こんにちは新天地――県外からの大潟村入植者たち」という特集記事の中で、訓練風景を次のように紹介している。[17]

「大学めざして受験勉強に明け暮れたころを思い出すなア」

同郷の小沢さんと机を並べた浅沼さんがつぶやく。

五十（ママ）八人[18]の第一回入植者たちは大型特殊免許を得るため、ただいま猛勉強中

表5　日課時限表（11月15日～3月31日）

時　刻	項　目	場　所	伝達方法
6:30	起　床		サイレン
6:30 ~ 7:00	洗面、寮内清掃	寄宿寮	レコード
7:00 ~ 7:20	朝　礼	広　場	サイレン
7:20 ~ 7:40	寮外清掃	寄宿寮外	レコード
7:40 ~ 8:40	朝　食	食　堂	
8:55	予　鈴		サイレン
9:00 ~ 9:50	1時限	教　室	トロイメライ
10:00 ~ 10:50	2時限	教　室	〃
11:00 ~ 11:50	3時限	教　室	〃
11:50 ~ 12:50	昼　食	教　室	〃
12:00	正午時報		
13:00 ~ 13:50	4時限	教　室	サイレン
14:00 ~ 14:50	5時限	教　室	トロイメライ
15:00 ~ 15:50	6時限	教　室	〃
16:00 ~ 16:50	7時限	教　室	〃
17:30 ~ 18:30	夕　食	食　堂	
18:00 ~ 21:00	入　浴	浴　場	
18:30 ~ 22:00	自　習		
22:00	就　寝		レコード

〔出所〕「大潟村干拓博物館」の展示資料による。

だ。朝九時から夕方四時まで講義と実習。消灯の午後十時までは自由時間だが復習と予習しなければ、訓練所のスケジュールについていけない。徹夜とまでいかないが、ヒマさえあればテキストと首っぴき。

「ことし中に免許を取ってもらわないことには来春からの農作業実習が実質的にできないことになる。みなさんはなれないことで、だいぶ頭を悩ましているようだが、これだけはぜひやってもらわなければ……」(田口入植訓練所長)ということで、机に向かうことを半ばしいられているわけだ。〔後略〕

このような厳しい訓練生活も、やがて一年後に家族を呼び寄せるための通過点であると思えば苦にはならないと、仲間たちと励まし合ったものである。そして時には、入植訓練にちなんだ数え歌をうたっては、いっそう連帯感を深めていった。その歌詞には、訓練所の生活と農業の新しい形、明日への意志と家族への思いなどが巧みに読み込まれている。

♪八郎潟入植訓練所かぞえうた♪

一つとや　広いはずだよ　八郎は　八郎は

一万六千ヘクタール　ヘクタール
二つとや　深い霧から浮かび出る　浮かび出る
赤い屋根の訓練所　訓練所
三つとや　見たか聞いたか　八郎の　八郎の
肥沃な土壌の　ヘドロ層　ヘドロ層
四つとや　弱音はくまい　パイオニア　パイオニア
モデル農村つくるまで　つくるまで
五つとや　今こそ大型機械化の　機械化の
夢をのせて稲づくり　稲づくり
六つとや　昔も今も変わらぬは　変わらぬは
寒風おろしの猛吹雪　猛吹雪
七つとや　何が何でも稲作の　稲作の
空飛ぶ機械化ヘリコプター　ヘリコプター
八つとやや　やけに高くそびえ立つ　そびえ立つ
その名も高きカントリー　カントリー
九つとや　九月の末の刈取りは　刈取りは

大型機械のコンバイン　コンバイン
十とや　とうとう修了　訓練が　訓練が
家族を迎えて村づくり　村づくり

（三）家族との再会と出会い

一年間の訓練所生活を終え、いよいよ家族を呼び寄せる段になる。ここからが正真正銘、入植営農生活の始まりである。

大潟村への入植者は各年齢層にまたがるバランスのよいものだったが、第一次入植者の場合、昭和生まれの三〇代、二〇代の若者が中心を占めた。なかには戦後生まれの人も一名含まれており、その彼は昭和二二（一九四七）年生まれの一九歳だった（表6）。

全般に若い世代が多くを占めたので、妻子と離ればなれの訓練所生活は寂しい面もあった。だが、それだけに、家族を呼び寄せる感慨もまた一入《ひとしお》だった。新婚間もない妻を郷里に置いて入所してきた青年もおり、当時二六歳の小林収さん（新潟県豊浦村出身、昭和一五年生まれ）もその一人だった。

小林さんは、入所式一週間前の一一月三日、豊浦《とようら》の実家で結婚式を挙げたばかりの新婚ホヤホヤである。式後、親類や友人たちへの挨拶回りに忙しく、二人水入《みずい》らずで時を過ごせたのはわず

表6　大潟村の第1次入植者の年齢構成

生　年	入植時年齢	人数	割合
大正10年	45歳	2人	14.3%
11年	44歳	1人	
12年	43歳	2人	
13年	42歳	1人	
14年	41歳	—	
15年	40歳	2人	
昭和2年	39歳	2人	48.2%
3年	38歳	2人	
4年	37歳	2人	
5年	36歳	2人	
6年	35歳	4人	
7年	34歳	3人	
8年	33歳	3人	
9年	32歳	1人	
10年	31歳	1人	
11年	30歳	7人	
12年	29歳	3人	35.7%
13年	28歳	3人	
14年	27歳	3人	
15年	26歳	6人	
16年	25歳	1人	
17年	24歳	1人	
18年	23歳	2人	
19年	22歳	1人	
20年	21歳	—	
21年	20歳	—	
22年	19歳	1人	1.8%
計	平均32.1歳	56人	100%

〔出所〕「大潟村第1次入植者名簿」により作成。

か一日だけだった。入植の決定が一〇月半ば、ほぼまとまっていた結婚話をさっそく実行に移したわけだが、誠にあわただしい結婚式となった。「いま思えば戦時中、兵役につく直前に結婚した人たちもこんなだったのだろうか」という気がしてくる、と振り返っている。[19]

小林さんのケースは極端でも、新妻《にいづま》や乳飲み子《ちのご》を残しての訓練所入所は決して少なくなかっただろうと想像される。本物の入植生活への移行は、郷里で待つ最愛の家族との再会も意味した。

入植時の若さは、この新しき村での結婚ラッシュという社会現象も巻き起こした。村内の施設では数組が同時に式を挙げ、共同で仲間たちにお嫁さんを披露する風景もみられた（写真11）。新しき家族との出会いである。そして、そうすることでやがて後継者である入植者二世が誕生し、また新たなる家族が村民となった（写真12）。かくして、「家族との再会と出会い」は、小さな命というさらにもう一つの家族との出会いを生み、村はどんどんと活気づいていった。

写真11　村の会場で相次いだ結婚式（1968年）
数組同時に式を挙げ仲間にお嫁さんを披露した。
〔出所〕金井三喜雄氏提供（『モデル農村・大潟村の40年』より）。

写真12　杉原壽さん（第1次入植者）に男の子が生まれる（1968年）
八郎潟の伝説にちなみ「竜《りょう》太《た》郎《ろう》」と命名した。
〔出所〕金井三喜雄氏提供（『モデル農村・大潟村の40年』より）。

三　開村当初の思い出

（一）農耕とともに

①ヘドロの大地

●「カメになる」

木村誠一《きむらせいいち》さん（前出）の中学一年の頃の思い出にもあったが、干拓直後の大潟村は巨大な「へドロ」の大地であった。理想の実現に向け、入植者たちがまず取り組まなければならなかったのは、このヘドロとの戦いである。トラクターは軟弱土壌にはまり、次々と動きが取れなくなった（写真13）。入植者たちは農機がそのようにしてヘドロの中にもがく様を「カメになる」と言った。「カメ」になった仲間を皆が総出で引っ張り出そうとするが、救助隊がまたヘドロにはまり、作業はいつも難航した。この新生の大地は、当初は、文字どおりの「ヘドロの大地」だった。

屋敷・田畑を売り払って入植した人たちにとって、これは相当に深刻な問題であった。もはや引き返すこともできない彼らにとって、「入植するのが早すぎた」、そんな言葉もささやかれた。

けれども、仲間たちの協力で、そして個人の努力と工夫で、そう

写真 13　ヘドロにはまり「カメ」になるトラクター（1968 年）
救出作業はいつも難航した。
〔出所〕金井三喜雄氏提供（『モデル農村・大潟村の 40 年』より）。

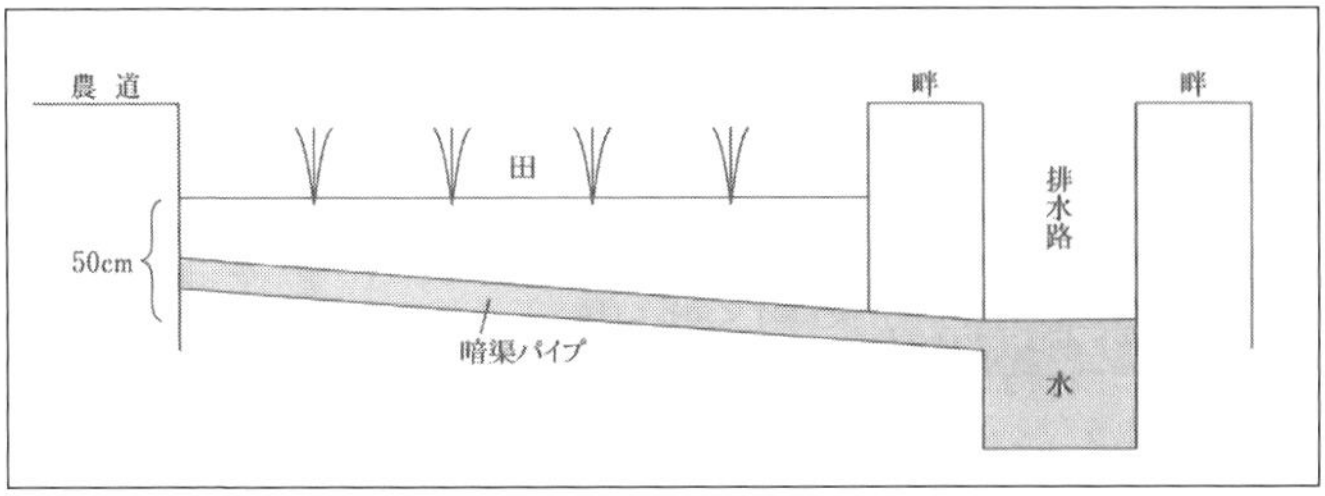

図 7　暗渠パイプの構造と地下水の排水（概念図）

した難局を乗り越えては営農がつづけられた。また、暗渠《あんきょ》パイプを地下五〇センチに通し、ヘドロの乾燥に努めてきた（図7）。しかし、三〇年以上たった今も、三〇センチも掘れば中は羊羹《ようかん》状になるという。かつては二〇センチと言われたので、乾燥はいくらかは進んだのだが。とはいえ、二一世紀に入ったあたりから、「やっとほどよく土が締まってきたな」というのが農民たちの実感である。

●肥沃な土壌と貝殻と

ヘドロの大地は、裏を返せば肥沃な大地の証でもある。太古から魚貝の宝庫として存在しつづけた八郎潟の湖底は、その累々たる有機分の蓄積によってきわめて肥沃な土壌となっている。田畑のいたるところに貝殻が堆積しているのもその肥沃さの暗示といえる（写真14）。貝殻そのものも土中にカルシウム分を放出し、有機質に富んだ栄養豊かな米を作る。

その一方で、貝殻はかつての汽水を思い出させる。塩分濃度は〇・二一～〇・三六パーセントと海と比べればずっと低いが、それでも塩分が含まれていることに変わりがない。塩害で稲が白く枯れてしまい、穂先を口にしてみるとしょっぱ

写真14　田畑のいたるところで目にする無数の貝殻
土壌の肥沃さ、そして塩性土壌であることの証。

かった。酸性土壌を散布して中和作業を繰り返し、今はだいぶ改善されてきているが、そんな時代もあったのである。

「カメ」の下にある養分と塩分と。ヘドロの大地は良いところもあり、悪いところもある。

②新農法の数々

●大規模農業とグループ営農

前述したように、入植訓練所での共同生活は、入村後の協業による営農の準備を兼ねるものだった。「協業」とは幾人かでグループを組み、共同して営農にあたることをいう。大型機械を使った大規模農業が協業を必要とし、協業がグループ営農を必要とすると考えられた。

大潟村では当初、一人あたり一〇ヘクタールの農地が配分された。これは第四次入植者まで

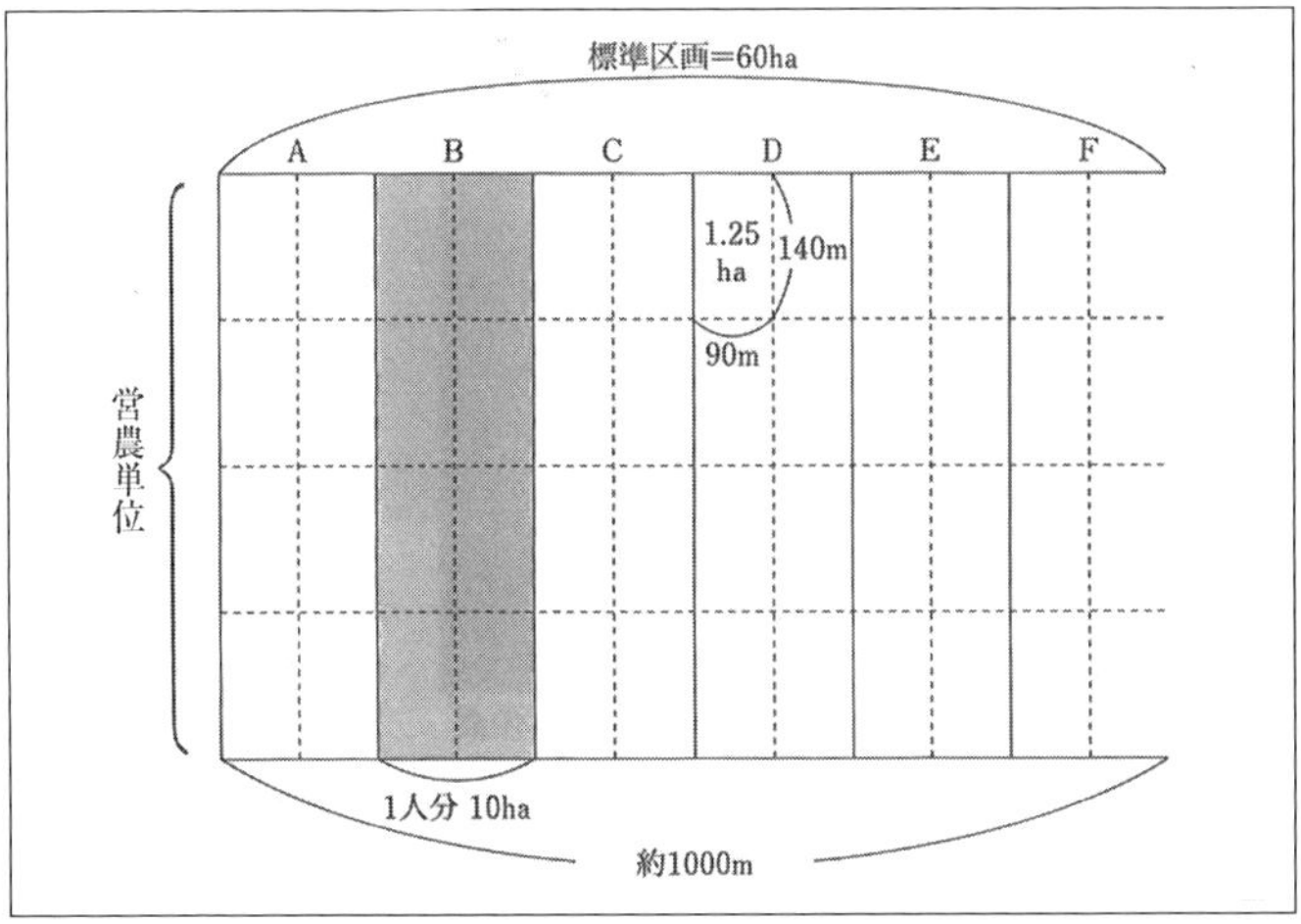

図８ 大潟村における圃場の標準区画と営農単位（概念図）
（注）第１次～第４次入植者に適用。

継続するが、[20] それは基本区画が六戸分の六〇ヘクタールを単位とする農地区画と対応するものだった（図8）。この六戸が訓練所でグループを組んで寝食・勉学をともにし、入村後は大型機械（写真15）を共有して営農にあたった。圃場《ほじょう》脇には農機具を共同で管理する格納庫も備えられた。

写真15　収穫時に活躍する外国製の大型トラクター（入植当初）
営農グループの何人かで協業して使用した。
〔出所〕「大潟村干拓博物館」の展示資料。

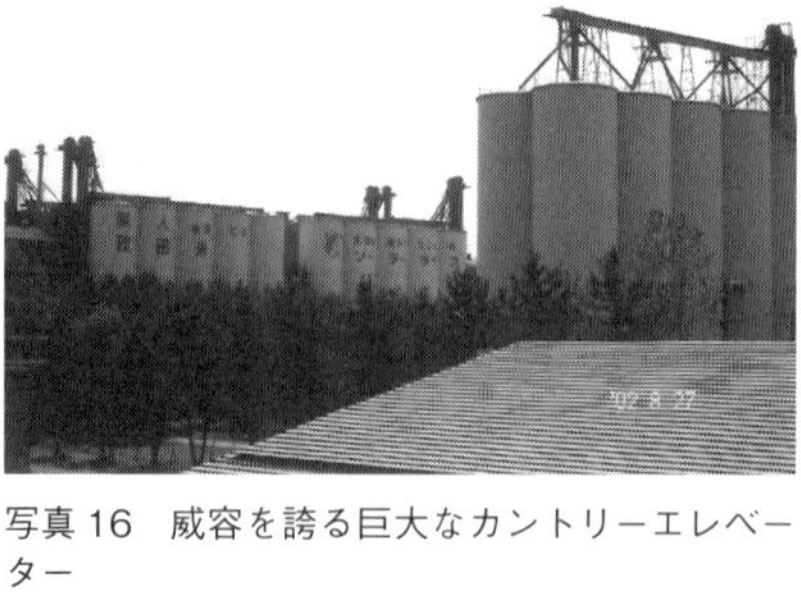

写真16　威容を誇る巨大なカントリーエレベーター
ここで籾を冷蔵保存し、共同出荷などにより出荷される。

しかし、昭和四〇年代後半からの減反政策と相前後して、生産時におけるグループ営農はしだいに下火になっていった。そもそも稲作での農機の共同利用が難しいこともあり、また、グループ営農の不平等感があったことも根底にある。それは、田植え・稲刈りの繁忙期は限定されていて農機の需要が一時に集中するからであり、営農はみな均等に働くとは限らないからである。しかし今日では、この協業システムは販売面で生かされるようになっており、大小の販売グループにより共同で籾を冷蔵保存し（写真16）、共同出荷や、直売、通信販売など、様々な方法で農産物が販売されるようになってきている。

●ヘリコプター農法と手作業の田植え

大規模農法を最も象徴するものに、数え歌（前出）にもあったヘリコプターによる直播《じかま》きと農薬散布があった（写真17）。直播きは初年度から試みられたが、種籾《たねもみ》がヘドロに埋まりなかなか発芽しない。鳥に食べられてしまうことも多かった。そういうわけで予定の収量が上がった例《ためし》がなく、何年かやると誰もしなくなった。

代わって、意外なようだが、農機が十分普及する昭和四〇年代までは手作業による田植えも行われていた（写真18）。一枚の田の大きさは約

写真17　ヘリコプターによる農薬散布（1968年）
モデル農村・大潟村の機械化農業のシンボルだった。
〔出所〕金井三喜雄氏提供（『モデル農村・大潟村の40年』より）。

写真18　「モデル農村」でみられた手作業による田植え（1968年）
仕事は大変でも、魚を捕っての即興の宴会は楽しみだった。
〔出所〕金井三喜雄氏提供（『モデル農村・大潟村の40年』より）。

一・二五ヘクタール（前掲図8）、この大きな田んぼに横一列になり、片道一四〇メートルを植えるにはだいぶ時間がかかった。腰に苗をつけたのではすぐになくなってしまうので、苗をブリキ製の「苗船《なえぶね》」に詰め、それを引っ張りながら進んだものである。水路にはフナやコイがたくさんおり、昼時にはそれを捕まえてその場で調理し、農道で即席の宴会が開かれた。

ヘリコプターによる農薬散布はしばらくつづいた。おかげで農薬を撒きすぎ、ずいぶん昆虫が少なくなったものである。けれどもそれでは環境によくないと、昭和五〇年代に入るとヘリコプター散布は取りやめられた。その後は減農薬ブームもあり、なるべく農薬を控えるようにしている。収穫期、田に舞うトンボは日本一ではないかと村民たちは自負をする。イナゴやバッタ、タニシやカエルも多く、見られないのはホタルくらいのものであろうか。

トンボが増えるとそれをエサにするアメリカザリガニが増加する。穴を掘って中に潜るので水が漏《も》って困っているが、アメリカザリガニは村の北のほうの田から、順次に南に向かって目下拡散中である。しかし、何と言ってもいちばんやっかいなのはカメ虫で、籾《もみ》千粒あたり二匹入ると二等米という評定が下される。昔も今も、「カメ」には悩まされるものである。

（二）民俗の継承と創造

①社会生活

●協業仲間による生活

忙しい農作業の合間に集まっては酒を酌み交わし、協業仲間と将来を語り合う。これが疲労回復にはもってこいの、開村初期のささやかな楽しみだった。窓の外には前出の千田万吉《ちだまんきち》さん宅（前掲写真8）と同じモダンな三角屋根の風景が広がり（写真19）、農村というより都会の瀟洒《しょうしゃ》な郊外生活を思わせた。二階建ての4LDKで、団地サイズのオランダ風住宅だった（写真20）。

けれども、前述のように協業による営農形態は崩れていったが、それには奥さんどうしが知り合いではなかったことも影響しているのではないか、という見方もある。訓練所での集団生活は男どうしの連帯を作りはしたが、

写真19　酒を酌み交わしながら将来を語り合う協業仲間（1968年）
窓の外には三角屋根の「村並み」が広がる。
〔出所〕金井三喜雄氏提供（『モデル農村・大潟村の40年』より）。

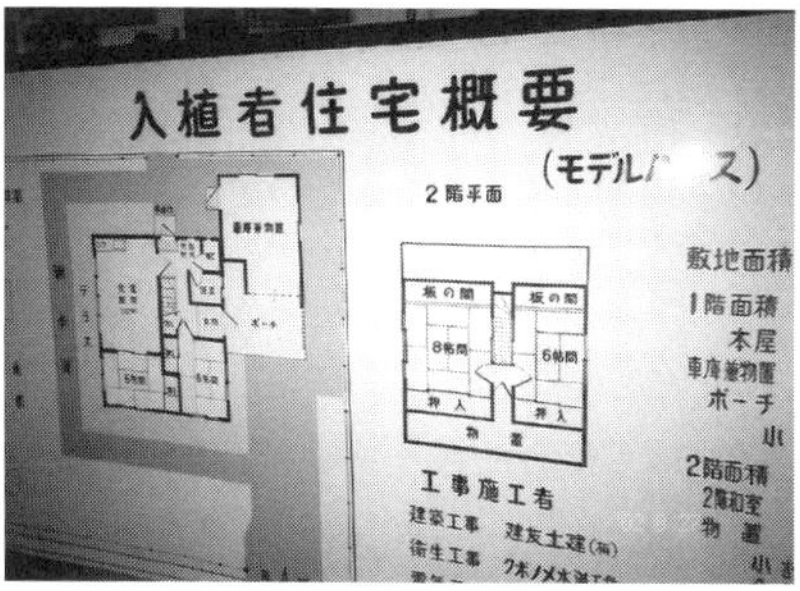

写真20　三角屋根の入植者住宅の間取り（入植当時）
4LDKで、当時としてはとてもモダンな住宅だった。
〔出所〕「大潟村干拓博物館」展示資料。

「山の神」どうしの協力こそ新しき村の生活を支えるのだろう。それでも現在、前述した販売活動のほか、基本的な冠婚葬祭がかつての営農グループを中心に維持されるなど、その役割が継承されている。血縁でもなく、地縁でもない、「訓練所縁」とでもいった生活文化である。

●その他の社会生活

比較的早期に活動を始めた団体に消防団がある。これは開村と同時に結成されたものであり、以来、周辺町村の消防団と比べてもよく機能している。全国大会にも出場しており、この湖底のふるさとには冠婚葬祭と火事場の相互扶助という、古くからの日本のしきたりがうまくとけ込んでいる。しかし村はまだ新しく、分家（これを土地では「別家《べっけ》」という）というものがないので、本・分家関係（つまり本・別家関係）のような相互扶助は今のところ根づいていない。地縁はともかく、血縁というものは核家族の中にだけあるというのがこの村の民俗文化となっている。

このほか、例えば「大潟村婦人会」というものがあり、開村後間もない昭和四四（一九六九）年の時点で結成されている。当時の会員数は一四〇人、これが平成一三（二〇〇一）年に

写真21　色とりどりの花々が咲き競う大潟村の町並み（2002年8月）
「全国花いっぱいコンクール」の実力を証明する。

は三七九人にまで増えている。「地域社会において、より賢い生活者となるべき知識を深め、より多くの仲間と励みあう」[21]ことを目的に、各種の環境改善運動などに取り組んできた。その甲斐あって、昭和五〇（一九七五）年には「全国花いっぱいコンクール」で農林大臣賞を、これが評価されて平成元（一九八九）年には内閣総理大臣賞を受賞している（写真21）。このように大潟村では、「山の神」ならぬ妻の意識が高いのも特徴だろう。

②信仰生活

●大潟神社

湖底のふるさとへの入植者たちがまず作ったものの一つに神社がある。その名を大潟神社《おおがたじんじゃ》（写真22・23）といい、最終の第五次入植が完了した四年後の昭和五三（一九七八）年一一月二三日に創建、

写真22　大潟神社の本殿（2002年8月）
伊勢神宮から一棟を拝領した神明造りの由緒ある社。

写真23　大潟神社の拝殿
9月9日の例大祭・宵宮には多くの参詣人でにぎわう。

翌二四日に御祭神鎮座祭を奉納し、翌々二五日に奉祝祭を催している。ただし、初代村長・嶋貫隆之氏を会長とする「大潟神社奉賛会準備委員会」が発足したのは昭和四八年一〇月、神社設立に関するアンケートを初めて実施したのは昭和四六年にさかのぼり、まだ入植者が全部集まっていないかなり早期の段階だった(22)。

社内の碑には、伊勢神宮の最後の式年遷宮（昭和四八年）の際、神宮の「瀧原《たきはら》並宮《ならびのみや》」一棟をそのまま拝領した旨が記されている。三重県からのある入植者が先導役となり、秋田県神社庁の指導を仰ぎながら実現した、文字どおり「有り難い」出来事といってよい。新しき村、大潟神社の拝殿は、古き由緒を持つ特別な拝殿というわけである。この神社は、境内に相撲《すもう》の土俵まで備える本格指向のものである。

氏子《うじこ》は原則としてすべての村民だが、自己の判断で、創価学会関係者とクリスチャンは入っていないという。正確に言えば、村民の総意ではなく多数の意思として、「心の拠り所としての鎮守の森」が切望され、神社創設となったわけである。ここにも新しき村における古くからの民俗現象が生きている。

●大潟神社の例大祭

村民の連帯意識を深める催しに、伝統的な体裁を取った各種の祭りがある。ここにも新生の村において古き民俗意識が生きている。

大潟神社の例大祭は、神社創設の翌昭和五四（一九七九）年から毎年九月に行われている。九日が宵宮《よみや》、翌一〇日が例大祭で、露天や神輿《みこし》が出て境内は多くの人でにぎわう。岩手県江刺《えさし》市出身の千田万吉《ちだまんきち》さん（前出）は、「岩手と違い、秋田はほんとに祭り好き。天王《てんのう》町の八坂神社などは年中祭りをやっているようだ」と感想を漏《も》らす。全国各地からの入植者も、郷《ごう》に入《い》っては郷に従えとばかりに、祭りを現地流にアレンジしているようである。

●その他の祭り

第一次入植者の営農初年度（昭和四一年）、収穫後にさっそく収穫祭をやった。神社はまだなかったが、神主《かんぬし》を呼んできて神への感謝を表した。またこの時期、宮城県矢本《やもと》町出身の菅原芳昭さん（昭和一一年生まれ）は、かつて郷里の田んぼでやった手づかみの魚捕りが忘れられない。それは村の連中が総出でやる一種のお祭りで、大潟村でも同じ祭りが作れないかと懐かしんでいる。そして、「それができんじゃったら、毎年秋には里帰りして魚の手づかみを満喫してこよう」[23]と語っている。このように、郷里それぞれの経験をもとに、そこに新しき村の感覚を取り入れて、思い思いの祭りが作られていった。

ほかにも、昭和四三（一九六八）年九月には、第一回村民運動会が実施されている。また、昭和四九（一九七四）年一一月には、村設置一〇周年記念式典も挙行されている。これらの祭りは以後、毎年、あるいは節目節目に継続されてきたものである。

また、平成二（一九九〇）年以降は、ローラースキー、ソーラーカー、ソーラーバイシクル、ポルダーサイクリング、ボート水上スキー、パラシューティング等[24]といった、カタカナ表記の、村外の周辺地域にも広く呼びかけた新しい祭りが大潟村で次々開催されている。このほか、盆踊り、すもう大会、農業文化祭、ジャンボカボチャ大会、敬老式、村民バレーボール大会、スポレクフェスティバルなど[25]、一般の農村にも、また都市にもみられない、多種多彩な祭りやサークル活動が活発におこなわれている。

「故《ふる》きを温《たず》ねて新しきを知る」といった精神が、「新生の大地」に拓かれたこの村には息づいていた。かくして、新しい社会生活や民俗が形成され、しだいに「湖底のふるさと」が醸成されていくのであった。

四　新しき村への道

（一）入植の条件

全国からの入植は、昭和四一（一九六六）年一一月一〇日、第一次入植者の訓練所入所によって始まった。以後、昭和四九年まで入植は五次に分けて行われ、合わせて五八〇名の入植者と、その家族がこの新生の大地を踏んだ（昭和五三年の秋田県営事業による九名の入植者を除く）。

一年間の厳しくも思い出深い訓練所生活を終え、正式に村民となった人たちが期待と不安、ふるさとをあとにした哀愁のなかでくちずさんだ歌がある。

♪村民歌♪

作詞　村上一栄／作曲　佐藤君雄

歌・演奏　ウキヤガラボーイス

一、故郷をあとにきた　おれだ
湖底の村の　果てまでも
声をかぎりに　唄うのは
遠くはなれた　ふるさとの
あの山　この川　あの山　この川　あの町を

二、くにの便りに　泣かされた
野畦に花咲く　くにの唄
身は大潟に　埋るとも
忘れはしまい　想い出の

あの娘が唄う　あの娘が唄う　くにの唄
三、七つの色の　屋根暮れて
いまも夢みる　あの人の
まつ毛に　露が光ってた
星と歩いた　あぜの道
村の祭りの　村の祭りの　笛の音
四、くにの父ちゃん　達者かい
お酒すごすな　風邪ひくな
まごの綴った　この便り
寒風おろしに　運ばせて
風よ　とどけよ　風よ　とどけよ　ふるさとへ

七五調を基調にした心にしみる歌詞である。

歌っているウキヤガラボーイスは、昭和四四年に結成された歌謡グループで、ローカル局だが、NHK秋田で当時たびたび歌声が流された。レコードにもなったので、県内ではちょっと知られた歌だった。グループ名の「ウキヤガラ」は、ヘドロの干拓地に生える葦《あし》の仲間の雑草で、里芋のような根からも、実からも繁殖するじつに始末の悪いヤツである。「ウキアガラ」ともいい、まったく入植者泣かせの厄介者だった。この雑草のようにたくましく生きようとの思いを込めてグループ名はつけられたが、歌う村民のはうも同じ気持ちでくちずさんだ。

四番の歌詞の最後にある「寒風おろし」（寒風山《かんぷうざん》から吹き下ろす風[26]）は、不安も抱える入植者たちにとってことのほか身にしみた（写真24）。現在、船越《ふなこし》につづく南北の幹線道路には、冬、西から吹きつける風雪をよけるために防雪柵が何キロにもわたってつづいている（写真25）。雪の吹

写真 24　大潟村の防風林
強い寒風おろしにより全体に東側へ傾いている。

写真 25　船越へと続く道路に設置された防雪柵（2006 年 10 月）
雪のない期間は折り畳まれている。

写真 26　村の中心地区にある信号機
縦型に設置されているのは着雪・積雪を防ぐための工夫。

きだまりができ、道がでこぼこにならないようにするための対策である。ひどいときには吹きだまりは高さ一メートルにもなるという。もちろん開村当初に柵はなかったので、寒風おろしが運ぶ雪には手を焼いたものである。少しでも積雪を防ごうと、村にいくつかある信号機もみな縦型の設置になっている（写真26）。風が強いのは冬ばかりではない。夏には一枚一・二五ヘクタールある広い田の水を片方へと押しやってしまい、稲に被害を与えることもしばしばだった。ビニールハウスを飛ばされないようにと徹夜で見て回ったものである。

入植にあたっては、本当につづけられる人材を見極めようとの意図からだろう、厳しい条件がつけられていた（表7）。「4」の労働力が二人以上もしくは一・八人以上（この場合、夫を一、妻を〇・八と計算した）とは、夫婦そろっての入植を求めたものだが、「3」で年齢制限が原則二〇〜三〇代とまだ若く、訓練時には独身者も少なくなかった。そのため入村に合わせて駆け込みで結婚する人も多く、開村直後の村は新婚ラッシュに沸いた。やがて家々で二世が誕生し、村はいっそう活気づいた。右の歌詞には「まご（孫）の便り」が歌われており、しかもその便りは「寒風おろし」に運ばせるという。憎い演出だが、まだ若い村民の実生活を映していよう。

第五次入植者にとって、「7」の条件もきつかった。郷里の田畑《でんぱた》を処分して来いというものであり、もはや後戻りはできないと覚悟を決めた。「6」の資金を確保できない人もいた。しかし

表7　大潟村の入植条件（第1次～第4次入植者）

1.	新農村建設事業の意義を十分に理解し、模範的な農業経営の確立に意欲をもやしている者であること。
2.	入植に先だつ1年間の訓練により機械による直播等新しい農業経営に必要な知識技能を習得する能力があること。
3.	年齢は、入植時に20歳以上40歳未満（とくに身体強健で営農経験の十分な者の場合には45歳未満）で、機械使用を中心とする強度の労働に耐えられる十分な体力があること。
4.	営農に従事できる労働力が成年男女2人以上に相当するものであること。ただし、これに達していなくても入植時までにこれに達することが確実に見込まれる者や農業生産法人等による協業経営を希望する者はさしつかえない（注1）。
5.	入植後の営農について、事業団等の指導のもとにたがいに協力し、とくに水利用、作付け協定、機械の共同利用等について十分に協調できる者であること。
6.	携行資金として、入植後の営農を圧迫するおそれのある負債の額を差し引き、1年間の訓練期間及び入植初年目の生計費ならびに入植初年目の営農のための資材の購入や賃料などの支払いに必要な資金を携行できる者であること。
7.	入植する世帯構成者のうちに、農地を所有する者がある場合は、干拓地の所有権を取得するまでに、すべての所有農地を所在市町村の農業構造の改善に資するよう処分することが確実に見込まれること（注2）。

（注）1）第5次入植者に対しては、「営農に従事できる世帯内の労働力が、下表の換算表（省略）により1.8人以上に相当する世帯構成の者であること。」と改められた。これは「協業」でなく、「家族農業」を基調とする政策に改められたことに基づく。
2）第5次入植者に適用された条件。
〔出所〕「大潟村干拓博物館」の展示資料などによる。

たとえ条件が満たせても、かすかすのスタートではあとの生活が大変だった。三年、五年の据え置き期間が過ぎると、毎年五〇〇万からの償還金[27]が必要になる(表8)。それまでに余裕を貯えておくことが必要だった。これらの条件が中途半端なままで選抜試験に合格し、せっかく訓練所の入所まで漕《こ》ぎつけておきながら、

表8　入植者の支払金額とその条件（1戸あたり、15ha の場合）

区分＼金額・条件	支払金額（補助金分を除く）	支払期間（据置期間を含む）	据置期間	年償還金	備考
土地負担金	概ね 2,780	25年	3年	概ね 230	支払の始期は、国営干拓事業竣工の翌年
農地等整備費	概ね 1,770	25年	3年	概ね 160	
農家住宅購入費	概ね 250	25年	5年	概ね 20	支払の始期は、事業団から譲渡を受けた年
農業機械購入費	概ね 300	7年	3年	概ね 90	
農業用共同利用施設費	概ね 130	20年、25年	5年	概ね 10	
計	5,230 万円			概ね510 万円	

(注) 元利合計で、償還総額は約1億円となる。
〔出所〕清水弟『大潟村―ジャーナリストのみたモデル農村』による。

表9　年次別の入植応募者・合格者・入植者

	応募者	合格者	倍率	入植者	入植率
第1次(昭和42年)	615	58	10.6	56	96.6
第2次(昭和43年)	281	86	3.3	86	100.0
第3次(昭和44年)	309	182	1.7	175	96.2
第4次(昭和45年)	389	150	2.6	143	95.3
第5次(昭和49年)	869	120	7.2	120	100.0
計	2,463人	596人	4.1倍	580人	97.3%

(注) 秋田県営事業による分を除く。
〔出所〕大潟村の資料などにより作成。

最後の最後で志を断念せざるを得なかった人もいる（表9）。

「3」にある「とくに身体強健で営農経験の十分な者の場合には四五歳未満」という括弧書きが興味深い。裏を返せば、四〇歳未満で根性さえあれば、経験も体躯《たいく》も二の次でよいということか。意欲と、精神と、可能性とが尊重された。そのためか、大卒者が二〜三割もいたという。第四次入植者の坂本進一郎《さかもとしんいちろう》さん（昭和一六年生まれ）もその一人で、東北大学経済学部を卒業している。入植時には札幌でサラリーマンをしており、実家も農家ではなかった彼は、「1」の理念に賛同し、百姓として新たに生きる道を選んだ人である。新生の大地・大潟村の入植条件は、彼のような人に対しても歓迎の眼《まなこ》を差し向けたのである。

坂本さんのことは、第七章で項を立てて詳述しよう。

（二）村民の意識

ウキヤガラボーイスが歌った「村民歌」は、情感のこもった素晴らしい歌である。しかしこれは、正式な村民歌ではない。村役場裏手の公民館には、正式な、もう一つの村民歌「大潟村民の歌」の歌詞が掲げられている。作詞は同じ村上一栄氏だが、著名な作曲家、芥川也寸志氏が曲を付けている。その調べを聴いたことはないが、歌詞をみると、余韻の残る詩のような五七調を基調に、最後に七五調に転じる独特なリズム感がある。

♪大潟村民の歌♪

作詞　村上一栄／作曲　芥川也寸志

一、あさやけの　湖《うみ》ひかる空
あたらしく　燃える大地よ
おおいなる　世紀のわざに
鳥うたい　四季の花咲く
ああ　ひらけゆく大潟に
いぶきの声が　あふれくる

二、ささやけば　みどり色の風
湧きおこる　たがやしの音
語りつぐ　伝説の地に
みのる穂の　波はてしなく
ああ　ゆたかなる大潟に

のぞみの歌が　ひろがりぬ
三、いろどりの　虹染める屋根
むすび合う　腕とこころと
永遠の　この土の香に
ほこりある　村をきずかん
ああ　かがやける大潟に
みらいの夢が　きこえくる

興味深いのは、ウキヤガラボーイスの「村民歌」と、この正式「大潟村民の歌」とでは、非常に違った歌詞になっていることである。「大潟村民の歌」の各番の最後の二行、七五調に転じる部分では、「ああひらけゆく大潟に　いぶきの声があふれくる」、「ああゆたかなる大潟に　のぞみの歌がひろがりぬ」、「ああかがやける大潟に　みらいの夢がきこえくる」と歌っている。つまり、今後確かに広がってゆくであろう未来の夢と希望が語られていて、そこにウキヤガラボーイスの寂寥《せきりょう》感はない。「モデル農村・大潟村」のパイオニア精神を鼓舞しているかのようである。

それ（ウキヤガラボーイス）も、これ（公式村民歌）も、入植者の開村当時の率直な感情であり、生きる目標だったのだろう。二つの歌にはそうした相反する、村民たちの複雑な心境が綴られているようである。

一方、坂本進一郎《さかもとしんいちろう》さん（前出）は、自身の『大潟村新農村事情』(28)という本の中で、大潟村の村民意識（生活感情）について分析している（図9）。この図によると、公式村民歌である「大潟村民の歌」は、村民の「夢」「使命感」「エリート意識」といったものを具現した歌といえ、ウキヤガラボーイスの「村民歌」は、その「ウキヤガラ精神」を具現した歌といえるかもしれない。このほか坂本さんによれば、村には「皆で一緒」や「共同意識」といったものと、これと対極をなす「競争意識」とがあり、そこに「利己心（プチブル）」や「虚栄心（本音と建前）」が微妙に覆いかぶさっているのだという。また、釣り合いの論理に根ざす「平等感」や、これと表裏の関係にある面従腹背《めんじゅうふくはい》の意識からなる「甘え」の構造もこれに加わって、様相はいっそう複雑である。

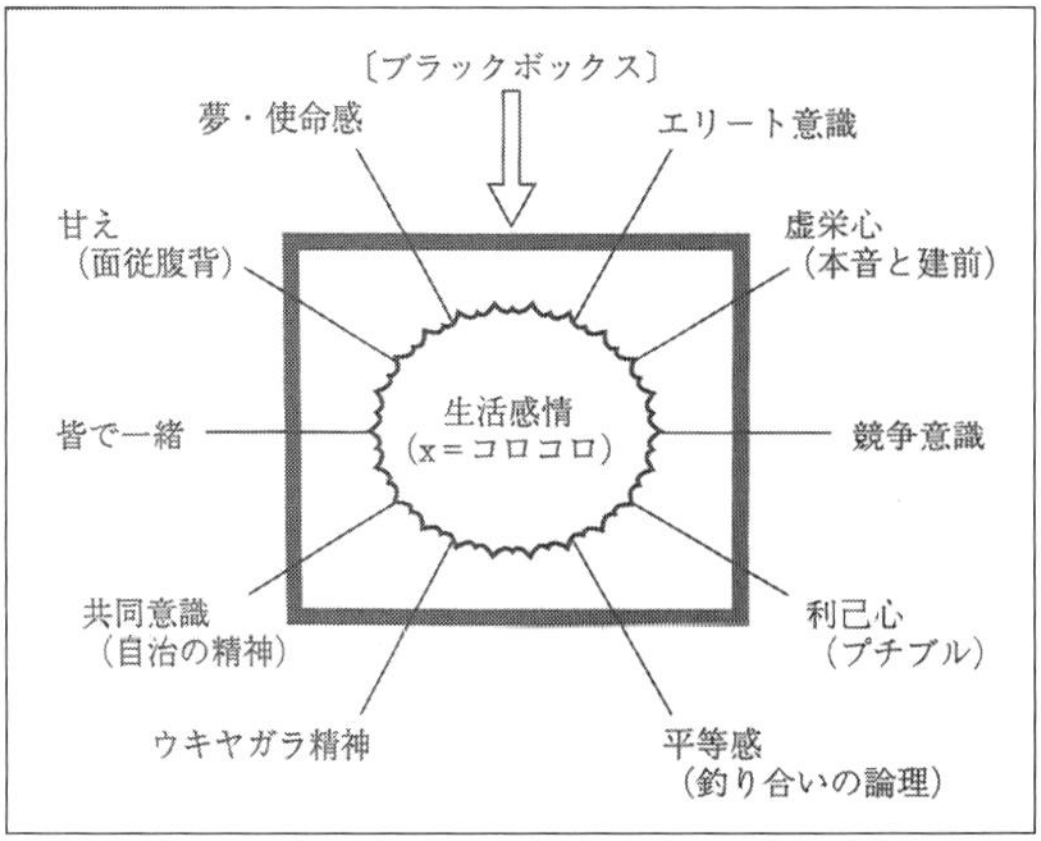

図9　大潟村民の生活感情

（注）坂本進一郎原図をもとに作成。
〔出所〕坂本進一郎『大潟村新農村事情』を参考。

ここで、「皆で一緒」と「競争意識」という、背反する複雑な村民感情について考えてみよう。これは昭和五〇年代初頭の大潟村農業の一面を皮肉った、次の「畑作はやり言葉」にも端的に表れている。

●「畑作はやり言葉」（昭和五〇年代初頭、大潟村）

・小豆…………赤いダイヤ、土台の悪さで光出ず
・トウモロコシ……重労働で金にもならず、家庭騒動のタネを播き、喜んだのは子どもとカラス
・ハト麦…………全面積収穫ゼロに。圃場悪し、天候も合わず、指導力なしの三重苦
・大根…………大根畑青々と見えれども、地下部は二股、また珍しや
・人参…………馬も食べない人参に、帳簿のみが赤くなり、ミツバチだけが飛んでくる
・ニンニク…………ニンニクはこっそりやるには良かったが、皆がやり出し、駄目になり、残ったものは乾燥施設と皮ムキ技術
・メロン…………メロンは儲かるよと、甘い言葉にだまされて、つらいつらいの毎日に、愛する妻に甘い言葉の一つもかけられず
・大豆…………米ナミに努力したが、排水悪ければ敢えて作る作物にはあらず
・スイカ…………神経はりつめて作ってみたが、出来たスイカはマル秀で、ソロバンはじいた

ら、マルの一つも残らない

・牧草……………適期短く、お天気任せ、補助金もらって作るに価せず

・小麦……………なにがなんでも排水を、背水の陣だ

（「報知灌漑」による）

右は減反政策下のこの時期、入植時の意に反して国から畑作物への転換を強いられた状況にあって、我も彼もと新しい作物に飛びついた（飛びつかざるをえなかった）様子がよく表れている（＝「皆で一緒」）。しかしその一方で、個々てんでんばらばらに多種多様な作物を導入しては競い合った様子も見て取れる（＝「競争意識」）。最後にある小麦こそ多くの農家が導入したが、この広い五八〇戸の新生の大地で、たかだか数戸、ないしは十数戸しか採用されない作物が大半を占めている（表10）。

ムラ社会にありがちな、単なる横並び精神とは一線を画す意識が感じられる。連体と競争、面従と腹背、本音と建前、エリート意識とウキアガラ精神等々、二律背反する様々な価値観がこの新しき村には渦巻いていたのだろう。

●エリート意識の寄り合い所帯

大潟村の村民意識にみるこれらの二面性や多様性は、広く日本社会一般にみられる国民感情と

表10　畑作物品目別作付け面積（昭和51年）

番号	品　目	戸数	面積[1]
1	小　麦[2]	419	1,579
2	大　豆	141	151
3	カボチャ	118	126
4	牧　草	28	91
5	ハト麦	21	45
6	キャベツ	32	28
7	白　菜	22	19
8	カンピョウ	17	17
9	大　根	8	11
10	アムスメロン	19	10
11	レタス	0	9
12	スイートコーン	10	7
13	小　豆	4	6
14	人　参	10	6
15	インゲン	3	5
16	ソ　バ	2	4
17	スイカ	3	4
18	ニンニク	7	3
19	ライ麦	1	1
20	さとういも[3]	2	1
21	バレイショ	2	1
22	キュウリ	1	0.6
23	カリフラワー	1	0.2
24	ゴボウ	1	0.2

（注）1）単位ha。小麦以外の面積計545ha。
　　　2）小麦は昭和50年秋まき小麦。
　　　3）原資料の表記による。
〔出所〕大潟村農協の資料による。

いえるものかもしれないが、新しき村ならではの側面もあろう。それは、選抜試験によって全国から入植者が集まったという、この村の特殊性に起因する問題でもある。大潟村は、全国どこにでもある自然発生的な村ではなく、「エリート意識を持った寄り合い所帯」の村なのである。

このことは、いわゆる「平成の大合併」においても具現された。平成一七（二〇〇五）年三月を目途に、近隣の自治体間で合併交渉が進められ、大潟村もその席に臨んだが、周辺市町村で合併が相成ったのに対して、大潟村だけは結局合併から離脱した。これもエリート意識を持った寄り合い所帯の、てんでんばらばらな意見を一本化できなかったことが一因だろう。こうした事情は大潟村農協（昭和四五年九月設立）についても同様で、周辺で農協の合併・拡大が進むなか、設立当時の単協の形態をいまも維持している。この村の誕生にまつわるこうした特殊性は、のちの大潟村の歩みを占う有力な要素となっていく。

五　減反政策のなかで

（一）青刈り

①「青刈り」という言葉

大潟村のその後の歩みは、まさに国の減反政策に翻弄されながらのものであった。

最近では「青田買《あおたが》い」と「青田刈《あおたが》り」の区別がつかない人がいる。辞書によっては両者を同義語と書いているものさえある。(29) しかし本来、二つは同義どころか、一八〇度反対の意味を持つ日本語である。まだ青い田を「買う」のは、きたるべき田の実りを確信し、やがて頭《こうべ》を垂れる稲穂の姿を疑わないからである。一方で、まだ青い田を「刈る」のは、いくら待っても稲穂が実る見込みがないと認めざるをえなくなった時である。つまり、青田買いは「豊かな年の瀬」を隠喩《いんゆ》する明るい言葉であり、青田刈りは「そのつらい行為」を直喩《ちょくゆ》する暗い言葉なのである。

　大潟村ではかつて、右の二語とも異なる「青《あお》刈《が》り」（「青田刈り」ではない）がおこなわれた。多くの書物や資料で確かに「青刈り」といい、「青田刈り」という言葉は一切使われていない。その真意を筆者は知らないし、辞書にもそのような言葉は出てこない。しかし、大潟村の「青刈り」は、右に言う「青田刈り」と同じではない。それは近い将来、豊かな収穫が目に見えているにもかかわらず（写真27）、大地の恵みを刈り取る行為だからだろう。この村ではかつて、減反政策とのせめぎあいのなかでその「青刈り」が断行された。

写真 27　収穫を待つ大潟村の水田（2002 年 8 月下旬）
かつてこの田の稲穂が「青刈り」された。

表 11　大潟村・減反関連年表

年　月　日	項　目
昭和 43（1968）年	政府米、大量過剰在庫が発生。
44	全国で米余りが本格化。
45・5	国の生産調整（いわゆる減反政策）開始。同年４月の第４次入植を以て入植計画中断。
9・13	大潟村農協が設立総会。
46・4・22	畑作試験としてバレイショを播種。
5	村の休耕地は 1,178ha に。転作のきゃべつ・白菜で秋田の野菜相場が暴落。
48・1・9	入植再開に関する記者会見。１戸あたり 15ha（田 7.5ha、畑 7.5ha）の田畑複合経営にすることが内定。
9	官報が「大潟村の営農 15ha、田畑複合経営」と告示。
49・4・4	４年ぶりに、第５次入植者 120 人が入植（田 7.5ha、畑 7.5ha の 15ha の条件）。
7	第４次入植までの 460 人に５ha を追加配分案。ただし、モチ米を準畑作物として 10ha の稲作が可能と入植者は理解。
12	農協総会でモチ米 2.5ha、ウルチ米 7.5ha の営農方針を決定。
50・1	15ha 田畑複合経営開始。
50・3・28	モチ米過剰につき、作付けは認めないとの農林省通達。ただしこの時統一地方選の最中で、混乱を招くとの理由から入植者には知らされず。
4・28	不況のあおりでモチ米過剰。農林省、水稲 8.99ha 以下と強力な指導を開始。
5・2	モチ米の過剰作付けは認められないと農林省当局が現地説明。
5	モチ米の苗 10 万箱あまりが破棄されるが、作付け後は指示に反して稲を守ろうとの運 動が盛り上がる。平均作付け面積は 9.46ha。
7・26	事業団（八郎潟新農村建設事業団、40 年８月発足）が作付面積調査を開始。
8・4	事業団、過剰作付けの 39 人を呼び 10 日までに青刈りするよう指示。入植者側は大潟村農民組合を中心に強く反発、県労会議の応援を得て反対集会。
18	事業団、青刈りの確認調査を開始。
20	入植者約 150 人が農林省係官と団体交渉。確認調査の続

	行を実力阻止。
25	事業団、青刈り期限を30日正午まで延長。
30	事業団、大潟村農民組合と非公式に接触し事態収拾を図る。妥協案として農協が間に入り、9月1日までに青刈り米を収穫して凍結することで合意。
9・2	青刈りは進まず。事業団、残る155人の過剰作付者に対して5日午後5時までに青刈りをするよう最後通告。
5	国、青刈りを断行。
9	青刈り問題の責任を取り、大潟村農協の理事全員が辞任。
20	秋まき小麦937ha分を緊急作付。
＜中	略＞
53・8	国、稲作作付面積の上限を8.6haとすることを決定。これにより、青刈り問題再燃。
＜中	略＞
60・3	国、稲作作付面積の上限を条件付きで10haに拡大。
62・5	国、条件付きで12.5haを水田として認可。
平成 2・3	国、15haすべてを水田として認可。

〔出所〕清水弟『大潟村―ジャーナリストのみたモデル農村』などを参考に作成。

②青刈りへの経緯

国と村民との「青刈り」への攻防は、昭和五〇（一九七五）年夏、クライマックスを迎えた。年表を見れば、この年の出来事の多さから、息詰まる攻防が目に見えるようである（表11）。まずは事の発端、すなわち日本社会の本質的な変容の問題に立ち返り、その原像をとらえることからしてみよう。

●問題の端緒

大潟村は、昭和二七（一九五二）年の「八郎潟干拓調査事務所」（秋田市）の設置をもってその準備がスタートした。当時はまだ戦後の食料難を脱しきっていない時期であり、「日本のモデル農村」を作りたいとの理想とともに、「国民の食糧」

を増産するという現実も担い、大潟村構想はスタートした。

ところが戦後復興の槌音《つちおと》は、予想以上に力強かった。ようやく実現した第一次入植（昭和四二年）の翌年には、早くも政府米の過剰在庫が問題となり、その翌年の昭和四四（一九六九）年には全国の米余りが本格化している。それは国民が豊かになった証でもあり、アメリカ産小麦を使ったパン食の生活が日本人の味覚を変えた結果でもある。青刈りへの本質的な端緒はここにある。

●田畑複合経営

大潟村は米を作るために生まれた新生の大地である。そのため、第四次入植者までに配分された一〇ヘクタールは稲作を前提としたものであったが、入植者たちはこの条件の下、あるいは郷里を捨て、あるいは厳しい競争に打ち勝って、この村にやってきた。ところが、そこへ一国の減反政策が開始され（昭和四五年）、大潟村もまたその波に飲み込まれていった。昭和四六年の大潟村の生産調整面積（減反面積）は全農地の四分の一を超え（表12）、しばらくは新規入植は見合わされる事態となった。

四年ぶりに再開された第五次入植（昭和四九年）は、当初から、配

表12　大潟村における生産調整面積の推移

	水稲作付面積	生産調整面積	減反率
昭和45年	2,596ha	211ha	7.5%
46年	3,300	1,178	26.3
47年	3,689	789	17.6
48年	3,967	764	16.1
49年	4,353	78	1.8

〔出所〕清水弟『大潟村―ジャーナリストのみたモデル農村』により作成。

分を一五ヘクタールに増やす代わり、田七・五ヘクタール、畑七・五ヘクタールの田畑複合経営を前提にすることが条件とされた。そしてこの時同時に、第四次までの入植者に対しても、一律五ヘクタールを追加配分する代わり、七・五ヘクタールずつの田畑《でんばた》複合経営が求められた。実質、四分の一の減反である。

しかしこの時、国側と入植者側とで認識に大きなズレが生じている。入植者は、「モチ米を準畑作物とみなし、従来どおり一〇ヘクタールの稲作が可能」であると理解した。このモデル農村に米の減反などあり得ようはずはない、という気持ちが心のどこかに潜んでいたといえるだろう。

●八月の攻防

国側の態度がかたくなであることを知ると、農民側は一時譲歩の姿勢をみせる。翌昭和五〇年五月の田植えで、予定した苗《なえ》をすべては移植せず、残った苗を廃棄処分したのは国の意向に沿うものである。ところが多めに移植されていた苗は、その生長をみるにつけ、しだいに愛《いと》おしいものに思えてきた。ひとたび作付けしたあとは、再三の国の指示に反してイネを守ろうとの気運が高まっていった。

この感情は収穫間近な八月の田で頂点に達する。八月四日、超過分の「青刈り指示」が出されたが、入植者側はこれに大いに反発した。指示に従わない農民を前に、国は期限の延長に延長を重ねて待ったが、ついには九月二日、青刈りの「最後通告」を突きつける。けれども、それでも従わなかった入植者の田に対し、三日後、「国による青刈り」という史上例をみない事態が断行されたのである。九月五日といえば、平年であれば、収穫まであと半月という時期である。

③青刈り問題の遠因

●「ネコの目農政」

第三次入植者の髙野繁《たかのしげる》さん（昭和九年生まれ）は、減反政策は当初から曖昧なものだったと述懐する。そもそも農林省担当者の口頭説明で、「実際には二、三年転作すれば米に戻せますよ」というものがあり、農民はそれを信じて減反をした。だから、当初の減反は徹底したが、早くも昭和四九（一九七四）年には減反率は大幅に低下している（前掲表12）。けれども、そうして農民たちが米に戻して一年後、現実に米余りは発生した。これがやがて前述の青刈り問題にまで発展していったのである。

この間、昭和四八年の秋、大潟村農協を通じてモチ米栽培の話があった。モチ米が足りないから、モチ米なら作れる、作ってもよいというのである。そこで翌四九年には、都合六〇〇ヘクタールでモチ米が栽培された。入植者一人あたり一ヘクタールの勘定である。農協の話は政府筋から内々にゴー・サインが出たものだろうと考え、入植者はこれを恒常的なものと理解した。しかし、それはじつは総合商社「M」が引受先となる、一年こっきりのものだった。このような話が一商社から政府、政府から農協を経て、村に下ろされてきたのである。モチ米の需要は年三〇万トンだが、この年一年で一二万トンの在庫ができた。

以上のような行政の曖昧《あいまい》さは、よく言われる「ネコの目農政」に起因している。担当者がすぐに入れ代わり、引き継ぎが十分でないので、大潟村農政に一貫性がもたれなかった。これが青刈り問題の遠因となっている。

●ヘドロの大地

「畑作はやり言葉」（前出）にもあったように、大規模経営における最有力の転換作物である小麦にとって、何が何でも排水が重要である。このことについて第四次入植者の坂本進一郎《さかもとしんいちろう》さん（昭和一六年生まれ）は、「麦は、一に排水、二に排水、三、四がなくて、五に排水」と言っている。同じことだが、水気の多いヘドロの大地では、ことに第一次入植の頃は、田に行くのにも竹竿《たけざお》持参で二人一組で行ったものだという。ヘドロにはまったときの用心だった。

このように、小麦のような畑作物には大潟村の大地はまったくなじまないものだった。ここにも入植者が転作をきらう事情があり、それも青刈り問題の遠因となっている。

●低い収益性

青刈り問題のさらにもう一つの遠因に、収益性の問題がある。昭和五二（一九七七）年の数字になるが、四等米で一俵六〇キロあたりの生産者米価は一万五〇〇〇円強、生産者麦価のそれは八五〇〇円強と差が大きかった。おまけに一〇アール（一反《たん》）あたりの収量も、水稲が四八八キロ、小麦が三〇〇キロと相当の開きがある。生産経費は水稲のほうがかさむが、小麦に転換した場合、転作奨励金を勘案しても、単位面積あたりの所得が低下するのは確実であった。

大潟村農協は、水田一〇ヘクタール・畑五ヘクタールの場合と、田畑七・五ヘクタールずつの場合とで、経営比較を行っている（表13）。それによれば、見かけ上は双方とも赤字経営と試算されるが、所得の比較では、前者で二一九万円の黒字、後者で六四万円の黒字である。ここに転作奨励金は含まれないが、これは相当な違いと言うべきだろう。多額の償還金を間近に控える入植者たちにとって、言わずと知れたことだが、「金もまた生きる糧《かて》」だったのである。

（二）ヤミ米

表13　大潟村における経営比較（昭和52年12月）

〔水田10ha、畑5haの場合〕		〔水田7.5ha、畑7.5haの場合〕	
農業粗収益	1,461万円	農業粗収益	1,231万円
ー）経費	1,242	ー）経費	1,167
所得	219万円	所得	64万円
ー）償還金等	72	ー）償還金等	72
ー）家計費	244	ー）家計費	244
差引	－97万円（赤字）	差引	－252万円（赤字）

〔出所〕大潟村農協の試算による。

①「ヤミ米」という言葉

ヤミは「闇《やみ》」であり、「闇取引」の略である。つまり、闇取引される米を「闇米《やみごめ》」というが、大潟村ではこれが「ヤミ米」とカタカナ表記され、そう呼称された。

さかのぼって終戦後の食料難の時代、「闇米」は違法行為でありながら公然たる秘密であり、闇米が庶民の命をつないだ現実があった。戦後の一時期、闇米は日本社会にとって典型的な必要悪だったのである。その闇米に対し、良心の人、山口良忠判事は、法を守る裁判官の良心に従ってそれを徹底して拒み、国からの配給食料だけで生き抜こうとし、そしてついには栄養失調で命を落とした。この「事件」はあまりにも有名であり、戦後日本の世相を象徴する一つのエピソードとして、高校「現代社会」の教科書でも教えられている。

一方、大潟村のヤミ米は、高度経済成長期の米余りという、終戦当時とはまったく異なる世相のなかで発生したものである。その意味で「ヤミ米」は、「闇米」とは本質的に異なる一つの「社会現象」といえるのである。

ヤミ米には正式な呼び名がある。「不正規流通米」というのがそれで、文字どおり不正規に出回った米のことである。ただし、これでは表現がきついということだろうか、通常は「自由米」という名称で呼ばれてきた。「不正規」ならばすぐにも取り締まらなければならないが、現実にはそうもいかない実情もあり、婉曲《えんきょく》な表現が採られたのだろう。「ヤミ米」なら物々しいが、「自由米」なら言葉としては少しも気にならない。

日本人の主食である米は、戦時中の昭和一七（一九四二）年制定の食糧管理法（以下、「食管法」）に基づいた食糧管理制度（以下、「食管制度」）の下で計画的な生産と供給、価格維持がなされてきた。しかしこの間、戦時体制下、戦後の食料難、高度経済成長下の米余りと、世相は大きく変貌し、そのたびに運用の変更を迫られてきた。制度発足当初、政府は米の全量を統制しようとし、この統制からはみ出したものが「闇米」と称された。豊かな時代になってからは、そもそも全量を統制しようとは考えず、「政府米[30]」、「自主流通米[31]」、「特別栽培米[32]」といった種別ごとに流通を図るようになっている。「自由米」とは、これらの正規流通には含まれない、不正規流通の米である。

ちなみに、米余り・減反政策下の一九九〇（平成二）年の統計では、政府米の割合はほぼ四割、自主流通米が五割で、残り一割が特別栽培米と自由米（すなわちヤミ米）を合わせたものだった。このことから、全国的にみれば、ヤミ米はそれほど大きな数字であったわけではない。

②ヤミ米の実態

一九九〇年前後の時期、大潟村では年間四〇万俵（二万四〇〇〇トン）程度がヤミ米として世に流れたといわれる[33]。当時の大潟村での米の生産量は概略四万トンだったから、ほぼ六割がヤミ米として売られたことになる。大潟村のヤミ米は、これに先立つ青刈り問題ともつながっている。

当時、ヤミ米派（自由米派）と反ヤミ米派（減反順守派）が村を二分し、それぞれが連帯し、互いに他と競合していた。それは、前掲図9にも似た構図だったといえるかもしれない。青刈りからヤミ米へといたる騒動の経緯は概略つぎのようものであった。(34)

●ヤミ米騒動の顛末

昭和五〇（一九七五）年の青刈り事件後も、五一年、五三年と同様の問題が繰り返された。ことに五三年には水稲作付面積の上限が八・六ヘクタールと決められ、残り六・四ヘクタールで畑作が「強制」されたが、一般農家のような転作奨励金は、この六・四ヘクタールには支給されない扱いとなる。これが過剰作付と、青刈り命令のイタチごっこを繰り返させる原因だった（前掲表11）。そしてついに行政は、昭和五七年と五八年、それぞれ前年の過剰作付けを理由に、二人の農民に対して農地の明け渡し（買い戻し）手続きをとるという、見せしめ的な強硬策に打って出る。

結局、この手続きは司法の場で、「過剰作付けは入植者のわがままとは言い切れず、国の買い戻しは権力の濫用で無効」と判断されたが、こうした行政側の強権的な姿勢に危機感を強めた農民二〇〇人は、一五ヘクタールの「水稲耕作権」を有することの確認を求めて秋田地裁に調停を申し立てることになる。それは直ちに一五ヘクタールすべてに作付けを認めよということではなく、配分された農地一五ヘクタールすべてを「水田」として認めてほしいという趣旨だった。

この調停は不調に終わるが、結果的には、これを受けて昭和六〇（一九八五）年、秋田県知事が仲介役を買って出る形で農民側に妥協案が示される。それは今後、過剰作付けが起きないような農民側の自主態勢の確立をもって、水田一〇ヘクタールを認めようというものである。昭和五三年時点での「八・六ヘクタール」が、「一〇ヘクタール」に拡大されるというのである。この知事提案を受け、村は二分されることになる。あくまで一五ヘクタールの水稲耕作権を確認しようとする調停会派（自由米派）と、知事提案を受け入れて一〇ヘクタールを当面の妥協点とし、今後さらに交渉を継続しようとする妥協派（減反順守派）である。

この時点では妥協派が主流であり、表向きは知事提案の線に沿って収拾が図られるかに見えた。実際、昭和六〇（一九八五）年をもって、条件付きではあるが、稲作作付面積の上限が一〇ヘクタールに改められている。だが、事態は水面下でより大きな方向へと発展していた。それはこの年、過剰作付者が前年の七三人から、一挙に一六三人へと倍増していたからである。これが調停に割って入った知事を怒らせ、警察権力まで動員して自由米（ヤミ米）を取り締まるという前代未聞の強権を発動させることにつながったのである。

この年、昭和六〇年一〇月、秋田県庁、秋田食糧事務所、秋田県警の三者によって、村から外部に通じる道路七か所で二四時間体制の検問が行われた。過剰作付けして収穫された米が、ヤミ米としてトラックで村外に持ち出されるのを取り締まるためである。[35] そしてこの時、県と食糧庁は三人を食管法違反として告発し、これを受けて県警が強制捜査に乗り出すことになる。結局、一年二か月という異例に長い捜査の末に送検され、さらにその一年後の昭和六三（一九八八）年一月、不起訴処分が決定して事態は収束した。これがいわゆる「ヤミ米騒動」の顛末《てんまつ》である。

●減反順守派（食管順守派）の論理

騒動を機に、自由米派（ヤミ米派）はいっそう支持を集め、政府の指導に従わない過剰作付けは面積を広げていく。そして前述のように、一九九〇年頃には約六割もの米がヤミ米（自由米）として販売されたのである。

そうした流れにあって、減反順守派はいっそう襟《えり》を正《ただ》し、厳しい環境のなかで自己の信念を貫こうとした。なにせヤミをやるのとやらないのとでは、それだけで五〇〇～六〇〇万からの収入の差が生じたといわれた状況下である。そうしたなか、それでも政府の減反政策を順守しようというのは、八・六ヘクタールが一〇ヘクタールになるという、小さな目先の利益ゆえの発想ではない。それは食管制度の問題や、食料輸入の問題、ひいては日本農業の在り方という、農を取り巻く日本の将来への大きな問題意識が根底にあったからである。

減反順守派（以下、「食管順守派」）の論客、第四次入植者の坂本進一郎《さかもとしんいちろう》さん（昭和一六年生まれ）は、日本農業の骨格は稲作複合経営にあり、その維持には家族農業の存続が不可欠であり、それには食管制度の温存が必要だと考える。それゆえに、多少の収益の減少には目をつぶり、将来の日本の農を守るという崇高な見地から、国の政策にしたがって行動すべきだというのである。

当時、坂本さんは次のように述べている[36]。

いまのように環境破壊、食料品の安全性が叫ばれるようになってみると、家族農業を守る意味ははかり知れないものがあります。そして家族農業を守るということは、その深いところで人類の幸福観とも結びついています。

家族農業を守る意味を早く発見したのは北米であると言われます。北米農業の歴史は家族農業と工場制的企業農との闘いの歴史で、前者が後者によって駆逐されていく歴史であり、その結果、北米ではいち早く工場制的企業農が現われ、自然環境・人間環境破壊を進めたと言われます。環境破壊としては地下水汲み上げによる塩害、表土流出（穀物一トンとるために、六トンの土が失われているという）などがあげられます。また企業農によって追い出された農村には、教会と郵便局だけがかろうじて残り、そのようにして追い出された農民は都市のホームレス群を形成していると言われます。昨年一一月の「農産物自由化反対」のデモに参加した時、アメリカ・アイダホ州からきたフィリップ・ランシンという農民はアメリカでは毎年六％ずつ家族農業が離農し、それに伴う弊害を以上のように語ってくれました。アメリカの家族農業が倒産に追い込まれたのは、複合経営を放棄し、規模拡大によりトウモロコシ、小麦などの単作農業、単作経営に走ってしまったことです。市場経済のなかでの単一経営の弱点をさらけ出したということです。

将来を見据えた、また日本農業全体を考えた、大所高所に立つ卓見といえよう。先にみたように、秋田県知事の提案をめぐっては、あくまで一五ヘクタールの水稲耕作権を確認しようとした調停会派（自由米派）と、知事提案を受け入れて一〇ヘクタールで手を打とうとした妥協派（食管順守派）が対立した。一見、前者が理想論者、後者が現実論者のように見えるが、事はそう単純ではない。「理想論者の現実論、現実論者の理想論」という表裏一体の関係がそこには認められ、問題の真相をより複雑にしている。日本の農業政策はそうした難しい問題のなかで揺れ動くのであった。

③ヤミ米問題のその後

平成四（一九九二）年、農林水産省は一〇年後の農業の基本政策をにらんだ「新しい食料・農業・農村政策の方向」を発表した。それは簡単に要約すれば、(a)大規模農家を優遇し、(b)農業への会社組織の参入を認め、(c)米価決定に市場原理を導入し、(d)必要な食料を安定的に輸入するというものである。(37) さらにこれを受けて平成六年、食管法が改正され、農業に「作る自由」と「売る自由」を取り入れていくという基本的な立場が確立した。自由米派と食管順守派という大潟村の対立軸で言えば、基本的に自由米派の主張が国の農政に取り入れられることになったのである。

現在、米の流通の自由度は格段に増し、かつての政府米も「計画米」という名で呼ばれるようになった。これは在庫量に基づき国が生産計画を立てて生産者に情報を流すものの、どれだけ作るかは基本的に生産者に一任し、その一方で、価格支持を行わないというものである。その結果はどうなったか、その後の流れが証明している。米価は慢性的に下落、あるいは横這い基調にあり、米農家の家計を圧迫している。米づくりは自由になったが、農民の暮らしは楽になってはいないのである。

(三) うまい米を作る努力

青刈り、ヤミ米とつづき、とかく衆目の関心を集めた大潟村だが、減反政策のなかにあって入植者たちの関心は、基本的には「うまい米」を作ることであった。彼らがいなければ、また、全国の農民がいなければ、この間の日本人の生きる糧《かて》はなかったというべきであろう。大潟村でも開村以来、村を挙げて、あるいは個人やグループで、「うまい米を作る努力」がつづけられてきた。しかし同時に、モデル農村で想定した大規模農法は当初からつまずきの連続であった。

①大潟村農法の構想と変容

当初、大潟村では田植えでなく直播《じかま》き(直播《ちょくはん》とも言われる)、しかも水を張ってする「湛水直《たんすい》播」が想定されていた。広大な田に水を張り、ヘリコプターで籾《もみ》を撒《ま》く。籾は黄色い芽を出したもので、これを空中からバラバラと撒いていく。しかし、一枚の田が大きいのと、風が強いのとで、籾が田の片方へ流されてしまい、失敗することが多かった。籾を鳥に食べられてしまったり、ヘドロに深く埋まって発芽が止まってしまう籾もあった。

そこでヘリコプター撒布《さっぷ》に代わり、直播機で直接土中に籾を入れ込む方法になったが、理論的には、どのように撒いても同じ収量のはずだった。だが、実際には空中撒布も、湛水直播も、苗の移植（田植え）に勝る方法はなく、第三次入植者あたりから直播きそのものがなくなっていった。けれども当初は田植機はそれほど使われず、奥行き一四〇メートルを横一列に並ぶ田植えの風景がどの田でもみられた。昭和四七（一九七二）年の作付は、直播き一パーセント、田植機使用六パーセント、手植え九三パーセントの内訳である。同年、村で初めて歩行型の二条植え田植機が使用され、四九年に四条植えが、五二年には六条植えが導入された。

刈り入れでも、当初は車高三メートルの巨大な外国製コンバインが使われた（写真28）。しかし、肝心の籾を破砕してしまうことも多く、おまけに排藁《はいわら》の中に一割近い籾が含まれるなど、あまり頼りになる存在ではなかった。排藁を燃やすとポンポンと爆《は》ぜ、香ばしいにおいがしたものである。現在では、ていねいな働きぶりで使い勝手も良い、中型の日本製コンバインが活躍している（写真29）。

②高野農法

大潟村カントリーエレベーター公社社長、土地改良区区長、教育委員長などを歴任した第三次入植者の高野《たかの》繁《しげる》さん（昭和九年生まれ）は、平成七（一九九五）年をもって、すべての役職から身を引いて農業に専心することを決意した。もともとこだわりの強い篤農家《とくのうか》であり、その農法は様々な工夫と挑戦に満ちている。さしずめ、それを「高野農法」とでも呼ぶことができるだろうか。その高野農法を中心に、大潟村にみられる一般的な稲作の農事暦を概観しよう。

写真 28　打ち捨てられたオランダ製コンバイン（2006 年 10 月）
かつて協業によるグループ営農で使われた。

写真 29　性能のよい中型の日本製コンバイン
平成 18 年秋の収穫を終え、格納庫へと向かう。

●苗作り

大潟村の稲作は、三月中旬、まず苗《なえ》を育てるための土作りから始まる。窒素《ちっそ》、燐酸《りんさん》、加里《かり》が三大肥料要素であり、これを多く含む土を農協の斡旋で旧若美《わかみ》町の業者から購入して苗床《なえどこ》の土をこしらえる。併せて、種籾《たねもみ》を農協より購入して苗作りに入る。

種籾は、「塩水選《えんすいせん》」といって、塩水を使って良質なものを選別する。塩の加減は生卵を入れ、沈んでいる卵が浮いてくるまで塩を継ぎ足していく。卵が横になって浮かんできたら塩加減の頃合いで、そこに笊《ざる》に入れた種籾を浸す。この時、浮いた籾を取り除き、沈んだものだけを選別する。比重の軽いのは粗悪であり、重いのが良質な籾である。取り出した良質籾を消毒したあと、水につけ込んで発芽させる準備をする。これを「水分浸積《すいぶんしんせき》」と言っている。

この段階まで来たら、農協の「育苗《いくびょう》センター」に持っていき、そこの発芽機で加温して発芽させるが、農家によっては加温せずに自然発芽を待つ人もいる。発芽後、苗箱に入れ、ビニールハウスに移して生長を待つ。これがだいたい四月一〇日頃までの作業で、葉が三葉から三葉半になるまで三五日ほどハウスで育て、五月一五日頃田植えに入る。一五ヘクタールの作付けには、苗箱四〇〇〇箱分の苗が必要で、これをこしらえるのに長辺五〇メートル、面積二アール強のハウスが四つ、それを建てるのに一〇アールの土地がいる。

ちなみに、高野さんは最近になって、消毒済みの種子を買って発芽させるところから苗作りを始めるようになった。

●代掻き

ハウスで苗が育つ間、田の代掻《しろか》きを行う。まずロータリーで耕起して、そこに水を入れる。そのあと再度土を掻いて田植えの準備は完了である。この時、肥料を一切入れないのが大潟村の特徴だが、それはヘドロ土壌がよく肥えていること、肥料過多にして承水路《しょうすいろ》（写真30）の水を汚さないことなど、干拓地特有の事情からである。

●田植え

五月一五日頃から田植えに入る。田植えは現在、一〇条植えの機械を使うが（写真31）、一台三〇〇～三五〇万円もする、車で言えばちょっとした高級車並みの価格である。ふつうは一条三〇センチだが、髙野さんは一割り増しの三三センチでやっている。一条三三センチ×一〇条分で三・三メートルの横幅がある。この大型田植機をオペレーター（運転手）一人、補助作業員三人の四人一組で扱い、日に一枚一・二五ヘクタールの田三枚分に苗を植える。天気が良ければ、一五ヘクタールが四日で終わる計算である。

田植えの時、植える苗の一〇センチほど脇に、ペースト状の肥料（元肥《もとごえ》）を一緒に埋め込んでいく。これも田植機が同時にやってくれるものである。肥料だけでなく、イモチ病の予防薬や、ウキヤガラに効果がある薬もペーストに混ぜ込むと、肥料・イモチ・ウキヤガラで「一石三鳥」

写真30　東部承水路の風景
大潟村の周囲を取り囲み、堤内の排水の受け皿となる。

の効果がある。最近では、苗の土の部分に元肥を最初から仕込むやり方も始まっている。以前は「コーティング肥料」といって粒状の肥料を使ったが、最近はこうしたペースト状が主流になっている。

田植え後は、田を見回って、欠株があればそこに手で補植《ほしょく》する人もいる。なかなか面倒な作業である。あと何年かすれば移植でなく、「直播《ちょくはん》」が普及するのではないだろうか。ペースト状の肥料に籾をまぶして、肥料と一緒に籾を直接土に入れ込むのである。開村当初の直播《じかま》きが移植に代わり、そして再び直播に戻ろうというわけである。

写真31　10条植え田植機による田植えの風景
一日で田3枚分、3.75haの田植えができる。
〔出所〕大潟村農協提供。

●除草剤散布

五月下旬、根が出て土に活着《かっちゃく》したら、除草剤を一度だけ散布する。六〇日間効くタイプのもので、五〇〇ミリのペットボトル大の容器を手に持って、田の中に入って振って歩く。一〇アールについて一本でよく、拡散性があるので撒き方は適当な感じでかまわない。

この時大事なのは、田に漏水がないことである。水が漏るとせっかく入れた除草剤が流れ、効果がなくなってしまう。そのため、こまめに田を回り、漏水の有無を把握しておく。

●中干し

六月、暇をみては田を回り、もし雑草が出ていれば草取りをする。畦畔《けいはん》に生えてくる草は自走式草刈機で処分する。

七月に入り、一〇日頃になると田の「中干し」をする。そのための水抜きは若干早めを心がけ、出穂《しゅすい》したらすぐに行うようにする。地下水位が高いので、イネをあまり水につけすぎないほうがよい。中干しの目的は、ここで一度水を抜くことで、イネの分蘖《ぶんけつ》を止めることである。株が増えすぎると実入《みい》りが悪くなるので、この時点で有効な茎だけを確保するのがねらいである。加えて、中干しをすることでイネの根が深く張り、実《み》に粘りが出るようになる。また、土を固く締めるので、のちの機械作業もしやすくなる。

中干し作業が終わると、八月は比較的暇な時期になる。

●収穫

収穫は例年、九月二〇日頃から始める。五条刈りと六条刈りのコンバインがあるが、五条刈りで、一・二五ヘクタール一枚に四時間ほどかかる。

「あきたこまち」（写真32）の反収《たんしゅう》は、一〇アールあたり、だい

写真32　収穫されたばかりの「あきたこまち」（平成18年産）
秋田の漬け物「ガッコ（雅香）」でいただくご馳走。

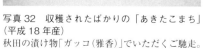

たい九俵《ひょう》（約五四〇キロ）である。平成一八（二〇〇六）年の今年、作況指数が九八と発表されたが、この数字は実際には約五パーセントの収量減を意味している。収穫時、運転するコンバインのタンクにしだいに籾が貯まっていき、いっぱいが近づくとベルが鳴る仕組みになっている。今年の収穫は、それがなかなか鳴らずに気がもめたものである。

「あきたこまち」は、早生《わせ》品種のなかでは晩生《おくて》に近い。ふつうは「出来過ぎ」の米はまずいが、晩生は多少収穫が遅れてもそれほど質が落ちないのが特長である。それが今年の夏は暑すぎて、夜になっても気温が下がらない日がつづいた。明け方になっても気温が下がらないと、イネはまだよいのかと思って生長をつづけるから、実を入れる代わりに籾の皮ばかりを厚くする。子孫を残すことを考えなくなるのである。それが今年の作況を下げた原因だろう。

●圃場整備

米の収穫と、それにつづく出荷（出荷については後述）が済むと、一〇月中旬以降は圃場《ほじょう》整備に取りかかる。田の均平《きんぺい》を調整し、排水対策を十分に施す。とにかくここはヘドロの大地で、入植当初よりはだいぶ締まってきたものの、今でも三〇センチも掘ると土は羊羹《ようかん》状になる。それを少しでも固く締める作業が必要である。また、水分過多の土壌は酸性になるから、石灰を散布して中和することもやらねばならない。これらの作業をだいたい雪が降り出す一一月上旬までつづける。

●その他の心得

このほか、髙野さんには稲作全般を通じての心得がある。一例を挙げれば次のようなものである。

米の作付けは人気のある「あきたこまち」が八割を占める。昭和五九（一九八四）年に誕生した丈も粒も小さめな品種だが、このところの温暖化が関係してか、茎がよく伸びるようになってきた。茎が伸びると倒れやすくなるので注意が必要である。そのため、倒れないように気をつかうが、それには肥料を入れすぎないことが肝心である。ことに転作の大豆（写真33）のあとでは、大潟村の田にほとんど肥料は要らない。いや、三年くらいは入れてはいけないのである。

村ではしだいに田の売買がみられるようになり、一部には三〇ヘクタールへと倍増させた人もいる。広いようだが、親子でやれば理論的にはできる広さだ。しかし、丹誠込めるとなると、自ずと上限はあるものである。一戸の個人農では、頑張っても二〇ヘクタールがいいところではないかと髙野さんは考える。できるからといって広げることばかりに気をやらず、品質にもこだわって、良い米、うまい米を育てていきたいものである。

写真33　転作された大豆畑
向こう側の畦畔には防風林が続く。

③「環境型農業」

大潟村の村民は環境意識が高く、「環境型農業」を一人ひとりが追求している。その環境型農業にも様々な形があるが、「アイガモ農法」もその一つである。

●アイガモ農法

「アイガモ農法」は、合鴨《あいがも》の生態を利用した環境に優しい農法で、農薬を使わず、合鴨に除草をさせて米を作ろうというものである。「特別栽培米」（前出）としても認められている。一枚の田（一四〇メートル×九〇メートル）にだいたい一〇〇羽を入れる。一九九〇年代のある数字では、計一二人が、七一・五ヘクタールの田でこの農法をおこなった。村の全水稲作付面積に占める割合は一パーセントに過ぎないが、これをやった人、一人あたりに換算すると、約六ヘクタールの田の雑草を合鴨に処理させたことになる。

合鴨は村外の業者から購入し、田植え後すぐに入れると苗を引き抜いてしまうので、根が活着《かっちゃく》してから田に放す。合鴨は生えている雑草を食べるが、田の中を動き回るので、あとから生えてくる雑草に生えるすきを与えない。また、水かきで土を掻き混ぜるので、土に空気が入って栄養が取り込まれる。「雑草取り」の役目が済んだ合鴨は飼育農家に引き取ってもらい、その農家が一一月頃まで飼育したあと、「食肉用」として出荷される。ここでも環境に優しい食の循環が図られている。

髙野さんも「アイガモ農法」を取り入れたことがある。合鴨を使って無農薬で栽培し、肥料にも有機肥料を使って丹誠込めた。それを「自然米」の名で出荷したが、静岡県熱海《あたみ》市にある「M」という団体からは「安心して食べられる」と好評で、価格も高かったと記憶している。もともと大潟村ではイネそのものが丈夫で、平成五（一九九三）年以来イモチ病が発生していない。おまけに、干拓地の土壌はミネラル分を多く含むので、化学肥料を多用しなくても十分栽培が可能である。これらの条件が「アイガモ農法」を後押ししている。

大潟村では現在もこの農法は行われている。しかし、毎日の合鴨の管理など手間のかかる農業である。

●その他の「環境型農業」

環境を重視した農業は、ほかにもいろいろと追求されている。例えば、大潟村では代掻《しろか》きそのものを省略する人がいる。これは代掻きをすると水を汚すという理由からで、干拓地特有の軟弱土壌が関係している。かつてのラグーン（潟湖《せきこ》）として閉ざされた新生の大地・大潟村では、良質な水の確保は大きな課題である（写真34）。それだけに、村民一人ひとりが高い環境意識を持っており、それが様々な環境型農業の開発にも生かされている。

写真 34　大潟村の浄水場
田にも、人にも「命の水」が村内で自給される。

六 「作る」ことから「売る」ことへ

現在の農業は、販売計画がまずありきで、生産計画はそれによって決まるという面がある。これが農業の現実である。それほど遠くないかつて、米価は一俵六〇キロあたり二万円を超えていた。それが短期間で、現在は一万二〇〇〇円にまで落ち込んでいる。ある役人が、「百姓は米があるから死にはしない。生かさず、殺さずやればよい」と言ったとかいう話だが、そんなことはありはしない。前近代でもあるまいに、子供が大きくなり、高校、大学に進むとなると、農家にも様々な出費がかさむようになる。高い収益が約束されなければ、日本の農業は継承者がいなくなってしまう。

結局、高く売れなければ駄目だということである。それには、まずは自分で売ろうとしなければどうにもならない。良いものを作り、自信と責任を持ってそれを売る。大潟村でそれができなければ、日本で稲作ができる所はほかにない。この村の農民たちはそう自分に言い聞かせ、国民の主食作りに打ち込んできた。「作る」工夫と「売る」工夫、そのともどもが求められた。

大潟村に限ったことではないが、近年の農業では単に「作る」ことから、「売る」ことへのシフトが重要な課題となっている。「生産から販売へ」という、農を取り巻く社会変化が起こっているのである。ただしそれは、単に売れさえすればよいということを意味しない。消費者の目と舌は肥えており、「安全でおいしい」食品が求められている。大潟村にみられるそうした農業の形を、販売面から追ってみた。

（一）グループ出荷

●出荷形態

大潟村での米の出荷形態は、だいたい三つぐらいに大別できる。一つは、「大潟村カントリーエレベーター公社」に収穫した生籾《なまもみ》を持っていき、そこで乾燥・調整・保管から、出荷・販売にいたるまで、一切の業務を委託するものである。大潟村では農協が米を扱っていないが、一般の農協であれば米の出荷が業務の一つだから、米を農協出荷するのとこれは似ている。

つぎに、乾燥・調整・保管までを大潟村カントリーエレベーター公社に委託し、販売は個人でやるというものである。それには販路の開拓が必要となるが、これは大潟村で近年増えている出荷形態である。

そして最後に、完全に個人で出荷・販売するというものである。この場合、籾の乾燥・調整も個人でやることになり、そのための設備投資が必要である。乾燥機は一台二〇〇〇万円はかかり、格納棟も必要なので、高さのある大きな建物を用意しなければならない。

実際にはこれら三つを組み合わせて出荷するケースが多く、個人だけでなく、グループ単位で販売することも少なくない。

●「売る」ための工夫

大潟村には現在、自主販売組織である出荷グループが一〇ほどもある。髙野繁《たかのしげる》さん（第三次入植者）も丹誠込めて作った米をグループで販売しており、平成一八（二〇〇六）年には一五人で共同出荷した。出荷には米（籾）の貯蔵が前提となるが、大潟村カントリーエレベーター公社のエレベーター（貯蔵庫）を一五人で丸々一本借り切っている。

グループのメンバーの一人に木村誠一《きむらせいいち》さん（第一次入植者・二世）がいる。その弟のつてで、その人が常務を務める東京の「I」という業者に米を卸している。「I」へは一二トントラックで毎月三台分の玄米を出荷し、精米後、「I」が飲食店や小売店などの大口消費者に回す形である。「I」とは毎年七、八月頃、向こう年間の出荷量と価格を話し合いで決めている。一種の「青田買い」によって安定した売買契約が結ばれているのである。

高野さんの場合、減反分を除いて現在一三枚の田（一枚一・二五ヘクタール）で米を作付けしているが、このうち「I」へは七枚分を卸している。「I」へは他のメンバーの同じ銘柄の米とブレンドし、品質を一定にして安定的に販売している。「ブレンド米」というと消費者は敬遠するかもしれないが、年による作柄のぶれをなくして均一にし、味を一定に保つ効果がある。世にブレンドがなければ、「あきたこまち」の品質も年によって、産地によって、物によって、大きく変動するだろう。ふつう小売店で売られている「あきたこまち」は秋田米をベースに、山形米、埼玉米などをブレンドしたものである。

その「I」に高野さんは、「めんこいな」という銘柄の米も卸している。これは「あきたこまち」よりやや反収《たんしゅう》が多く、粒も大きめな品種である。そのため丼に盛っても見栄えがよく、飲食店でよく利用されている米である。これらの米を、収穫が始まる九月半ばから順次一二トントラックで出荷していくのである。

高野さんはこのほか、大潟村カントリーエレベーター公社に田四枚分を販売委託するほか、二枚は「こだわり米」として仙台と名古屋の業者に独自ルートで販売している。「こだわり米」というのは、「マンダ（万田）酵素」という酵素を用いた「酵素米」のことで、この酵素を入れるとイネが丈夫に育つだけでなく、甘みが増すと好評である。また、炊き具合が柔らかく仕上がるので玄米食にも向いており、健康を気づかう中高年の消費者からも支持されている。髙野さんはこれを平成一〇（一九九八）年から栽培しているが、ほかにも宅配便を使った販売も手がけている。

このように、「売る」工夫は、「作る」工夫と表裏一体の関係なのである。

●そして海外へ

髙野さんはかつてシンガポールに行ったとき、そろそろ現地の料理にも飽きてきた頃、日本の「幕の内弁当」を食べる機会があった。それが思った以上の逸品で、特にご飯がおいしかった。聞けば、「九州産あきたこまち」を中国経由のルートで入手して使っているとかで、日本人の妻を持つ弁当屋のマスターがその米袋を見せてくれた。そこには中国語に混じり、確かに日本語で「あきたこまち」と印刷されていた。九州のどこかの農協か何かが、シンガポールまで輸出していたのだろう。

この時、日本国内だけでなく、海外にも販路はあるものだと痛感したものである。シンガポールだけでなく、ホンコンやシャンハイなどでも現地日本人向けの米の需要はあるというが、今後も様々な形で販路を求めていきたいと考えている。

（二）大潟村カントリーエレベーター公社

①「東洋一のカントリー」

穀物の産地貯蔵庫を「カントリーエレベーター」（以下、「エレベーター」）という。大潟村では昭和四三（一九六八）年九月、第一次入植者が生産した米の処理に備え、エレベーターの一号基が完成し、「八郎潟新農村建設事業団」によって運営が開始された。その後、昭和四五年三月に「㈱八郎潟カントリーエレベーター公社」が設立され、六〇年四月には「㈱大潟村カントリーエレベーター公社」（以下、「公社」）と改称されて現在にいたっている。運営は株式会社形式を採っており、大潟村の生産者の中にも株主になっている人がある。

公社は、米を中心に、麦、大豆、菜種などの穀物の乾燥（すなわち水分除去）、調整（すなわち籾摺《もみす》り）、貯蔵（すなわち低温保管）のほか、加工、出荷、販売を一貫しておこなっている。これらの業務にあたる専属職員は、嘱託を含めて五七人である。

写真35　大潟村のカントリーエレベーター
高さ30メートル、10階建てのビルに匹敵する。

大潟村の農家の多くは、共同でこの施設を利用し、丹誠込めて作った米を共同で、あるいは個人で出荷している。

●巨大なサイロ

エレベーターを「サイロ」とも呼ぶ。一本のサイロは直径七メートル、高さ三〇メートルのコンクリート製で、コンクリートの厚さは三〇センチもある（写真35）。三〇メートルといえば一〇階建てのビルと同じだが、これが一〇本一組となったものが八つ、計八〇本ある。これは「東洋一」といわれる大規模なもので、秋田市全人口の一年分の食料を貯蔵できる。

計八〇本を一〇本ずつまとめて「一号基」から「八号基」の名で呼び、一基あたり籾五〇〇〇トン、八基全部で四万トンを貯蔵できる。籾を熱風乾燥したあと（写真36）、冷風をかけてさまし、そのままサイロに貯蔵する。コンクリートが肉厚なので冷房の必要はない。このほか、おもに大豆の貯蔵用に使う金属製の小型サイロ（一五〇トン）が四〇本ある（写真37）。

●籾の持ち込み

エレベーターへの籾の持ち込みは、収穫が始まる九月二〇日

写真36　サイロ（エレベーター）付随の乾燥機
生籾の水分を調節して鮮度を保つ。

頃から、収穫が終わる一〇月二〇日頃までで、その後引きつづいて、一〇月二〇日頃から一一月中旬まで大豆が持ち込まれる。また、翌年の六月中旬からは大麦が、七月上旬からは小麦が、合わせて約一か月にわたって持ち込まれる。

ふつう農家は自家用の二トンまたは四トントラックを使って籾を搬入する。二トン車が多いが、荷台に板枠を高く立ててそこに籾を山積みし、ほとんど四トンほども積み込んでやって来る。入り口でトラックごと重量を量り（写真38）、帰りに空の車重を量って差し引きで入荷量を記録する。

写真37　大豆用の小型サイロ
金属製なので温度変化には少し弱い。

写真38　生籾を持ち込む２トントラック
秤に乗って重量の計測を受ける。

●等級検査

公社では、受け入れ直後、野積み状態の籾から六〇〇グラムを抜き取って等級検査を行う。品種と栽培区分のほか、水分や藁屑《わらくず》の混入状況なども勘案して、一等米、二等米、三等米、規格外に振り分けるが、大半が一等米と評価される。栽培区分というのは栽培方法による分類で、「有機栽培米[38]」、「減農薬・減化学肥料栽培米[39]」、「慣行栽培米[40]」などに大別されている。

なお、筆者が大潟村に滞在中の平成一八（二〇〇六）年一〇月一八日のテレビニュースによれば、「県内の今年の米の作柄は、一等米が九三・五パーセントで、過去五年間で最高となった（秋田県農政事務所発表）」。これはカメ虫の発生が抑えられたことが大きいという。

●乾燥

重油ボイラーで熱風を送り、籾の水分量を下げるのが乾燥である。収穫直後の生籾《なまもみ》には二〇パーセント以上の水分があるが、これを一五パーセントまで低下させてから貯蔵する。

●貯蔵

一等米が七〇パーセント以上になるようにブレンドし、最長で翌年の九月前半、端境期《はざかいき》が終わるまで籾のまま貯蔵して、順次出荷していく。なお、「特別栽培米・あきたこまち」の商標に、公社では「ソーラーライス」を使って販売している。「太陽をいっぱい浴びた自然米」という意味合いだろう。

●籾摺り

乾燥・貯蔵後、注文を受けてから籾摺りをする。一トンと三〇〇キロの二種類のラインがあり（写真39）、量に応じてラインを使い分ける。その後、色彩選別機で選別するが、玄米の状態で透き通った、濁りのないものがいちばんの品質である。籾摺りをしてから二、三日以内に出荷できるよう、公社では鮮度のよさを心がけている。大潟米の商標の一つに「今摺米《いますりまい》」というものがあるが、これなどはそのこだわりをアピールしたストレートなネーミングである。

②米の出荷・販売

エレベーターの利用料金は、米・麦類・大豆などの品目によって決められているが、だいたい平均して、利用農家一戸あたり年一五〇～一六〇万程度かかるとされる。大潟村では平成一二（二〇〇〇）年四月現在、全農家のおよそ半数にあたる二八三戸がこの施設を利用している。村内にはこのほか、「N」「D」「K」といった村民出資の集出荷団体が一〇ほどもあり、そちらを利用している人もいる。

公社の業務には出荷・販売も含まれている。やや古い資料になるが、入手できた平成四（一九九二）年の出荷量は、米一万八〇〇〇トン、大麦三四〇〇トン、小麦五〇〇〇トン、大豆一〇〇〇トンの、計二万二九〇〇トンであった。一方、やはり入手できた資料のうち、この年に

写真39　籾摺りを待つ大きな米袋
1トンのラインへと向かうところ。

最も近いのは平成五年になるが、同年の米の生産量は四万二三〇〇トンだった。これらの数字から単純に計算すれば、公社による米の出荷率は約四三パーセントで、半数以上の米が個人もしくはグループの手によって出荷・販売されている（なお、平成四年当時はまだ「ヤミ米」も多かった時期だが、このことについては前章で述べたとおりである）。

販売する単価を少しでも高くしようと、高野繁《たかのしげる》さん（第三次入植者）は公社の役員の時、米の「宅配」を思いついた。エレベーターを利用している米農家から、秋の宅配販売の約束を春のうちからもらっておき、夏の間苦労して買い手を探した。結局、東京は府中《ふちゅう》市の大手家電メーカー「T」の物資販売生協がついてくれ、都合二〇〇〇人の生協会員に宅配することができた。「ヤミ米では？」などと言われて往生したが、繰り返し注文してくれる客もあり、良い販売先だった。

なお、公社のエレベーターを使いながら、個人またはグループで出荷・販売する人もいる。そのため、公社を介した集荷率は右の数字よりかなり高いだろうと考えられる。

（三）大潟村農協

大潟村農業協同組合（以下、「大潟村農協」）は昭和四五（一九七〇）年九月に設立された。ふつう稲作地帯の農協は、エレベーターを持つなどして米の共同出荷の仲立ちをしているが、大潟村では当初から前述した公社方式が採られ、大潟村農協は米をはじめ、麦、大豆など穀類の出荷を扱わなかった。したがって、米・麦・大豆などにも生産部会があって、営農指導は行われるものの（写真40）、それらの販売には一切タッチしていない。

一方、穀物以外の農産物については、営農指導とともに、販売活動も行っている。生産部会があるものに、カボチャ（京浜方面にも出荷）、メロン（ほとんどが県内に出荷）、ニンニク、そして畜産では肉牛などがあり、いずれも全農を通じて市場流通させるほか、一部には大手スーパーとの間で契約生産をおこなっている。

また、穀物そのものは扱わないが、「きぬのはだ」という品種の米を原料にした切り餅である「きりもち」や、無農薬栽培した小麦を原料にしたそうめん・うどん・ひやむぎなどの「大潟育ち」など、加工開発課が中心になって、地元産穀類の積極的な利用・販売を行ってきた（写真41）。穀類以外でも、例えば「パンプキン

写真41　大潟村農協が開発した農産物加工品の展示ケース
うどんの「大潟育ち」などが並んでいる。

写真40　大潟村農協の営農資材置き場
施設園芸用の建築資材の数々が並ぶ。

パイ」や「パンプキンようかん」など、カボチャを使った加工品は大潟村土産として定評がある。これらはいずれも「産直センター「潟《かた》の店《みせ》」」などで販売されている。

(四) 産直センター

大潟村には以前から産地直売所(名称を「大潟村特産品センター」と言った)があったが、「大

写真42　平成12年にオープンした産直センター「潟の店」
右手に見える「大潟村干拓博物館」に隣接する。

写真43　産直センターの内部
新鮮野菜の数々がここに集まる。

写真44　空いた「育苗ハウス」を使った野菜栽培
キャベツのほか様々な野菜が栽培される。

潟村干拓博物館」の開館[41]に合わせ、二〇〇〇年三月に「産直センター「潟の店」」(以下、「産直センター」)(写真42)を開店して産地直売の規模を拡大した。農閑期などに野菜を作って販売する農家も多く(写真43)、これに力を入れる農家のなかには、多ければ年三〇〇万円からの売り上げを確保する人もいる。田植え後、長辺五〇メートル、面積二アール強の空いた育苗《いくびょう》ハウスを使い、野菜栽培が盛んにおこなわれている(写真41)。そのようにして作られた野菜が産直センターに持ち込まれ、売りさばかれていく。

産直センターは第三セクター方式の経営で、参加したい農家は一万円の参加料を払って加入する。売り上げの五パーセントを運営費としてセンターに納め、残りが出店農家の取り分となる。農家は、自分の顔写真に「一言メッセージ」を添えたパネルを置いて消費者に語りかける(写真45)。ただし、自分のコーナーをつきっきりで見ているわけではないから、産直センターの担当者が管理を代行し、質の落ちた商品をはじくなどして品質の保持に努める。特に葉物《はもの》野菜はその日のうちに売ってしまえるよう、午後からは値引きをして対応する。車を使って周辺市町村からも買い物客が訪れるが、遠くは秋田市、能代《のしろ》市あたりからも来客があるという。

写真45　農家の「一言メッセージ」
ユニークな料理法のヒントなども書かれている。

七　激動のなかを生きた人たち

坂本進一郎さん（第四次入植者、宮城県仙台市出身、昭和一六年生まれ、百姓）

第四次入植者の坂本進一郎《さかもとしんいちろう》さん（写真40）は、食管順守派の論客(42)であり、かつて過剰作付けの是非をめぐって村を二分した騒動では、渦中の人だったことを第五章で述べた。ここでは坂本さんからの聞き書きと著書(43)から、かつてサラリーマンだった彼が入植を決意し、大潟村で真の百姓となっていくまでについて記してみたい(44)。なお、坂本さんからいただいた名刺の肩書きには、

「大潟村第四次入植者・百姓」とだけ書かれている。

●百姓になろう

昭和一六（一九四一）年に宮城県仙台《せんだい》市に生まれた坂本さんは、生後間もなくして、公社職員として旧満州に渡った父に連れられ、新京（現長春）で幼児期を送った。一家が日本に引き揚げたのは、昭和二一年、五歳になった頃である。

やがて東北大学経済学部へと進み、卒業後は北海道東北開発公庫に就職し、秋田勤務を命ぜられる。そうした順風満帆に見える日常の中で、「これでよいのか？」という疑問には常に取り憑《つ》かれていた。敷かれたレールの上を、組織の歯車として生きる息苦しさが彼の心を苛《さいな》んでいた。かくして、その職業生活は、当初から生き甲斐探しの旅でもあった。

写真46　第４次入植者の坂本進一郎さん（2006年10月）
著書の数々が山積みされた書斎で話を伺った。

勤めて四年目、すでに二七歳になっていた。これまでも様々な試行錯誤を重ねては、自分なりの生き方を追い求めていたが、この昭和四三（一九六八）年、それまで眼中になかった八郎潟干拓地への応募のことを思いつく。八郎潟干拓地は、「大潟村」として昭和四二年と四三年、すでに第一次・第二次の入植者が一年間の訓練を終えて、入植を済ませていた。そうした動きを同じ秋田県の住人として間近で見ていたことも関係していよう。志さえあれば百姓になれるというそのチャンスに、「大地の民」となってお天道様《てんとうさま》の下で自由に生きる幸せを思った。そうした己の気持ちに正直に生きることを決意した。

しかし結局、この年の申請では書類審査で資金不足を指摘され、おまけに札幌への転勤が重なってひどく落ち込んだものである。しかし捲土重来《けんどちょうらい》を期すべく、一年間生活を切りつめて給料・ボーナスをコツコツと貯め、友人からも借金をして、翌年なんとか試験に合格することができた。一年間の訓練所生活を経て、第四次入植者として百姓になったのは、昭和四五（一九七〇）年、二九歳の時だった。

●協業の現実

訓練所では大型農機の操作から、圃場《ほじょう》での営農指導、経理の帳簿付けにいたるまで一通りの学科と実技があり、百姓としての最低限の知識・技能を身につけた。しかしそれば、実際の営農経験をともなわない、一年こっきりの付け焼き刃だったことは否めない。

営農開始後、五戸による「キブツ型の完全協業経営」は期待したほどには楽しいものではなかった。キブツとは、ヘブライ語で「集団」を意味する言葉で、イスラエルにあった集団主義農場のことである。しかし、百姓は「一国一城の主《あるじ》」であって、皆それぞれに考えが異なっている。めいめい自信を持ったその城主たちが、協業しようにも簡単には意見などまとまるはずもない。

意思決定を誰か一人に委任すれば良かったかも知れないが、そんなことができようはずもなかった。結局、毎日のように協議が必要となり、その都度合意するのに難航して、しだいに仲間内の風通しが悪くなっていった。

トラクターは二戸で一台ということだろうか、五人について三台あった(45)。その三台を輪番で操作しようと提案しても、手慣れた三人が専業のようにトラクターを操り、五人全員分の作業をしてしまうために、ついには二年間乗らずじまいになってしまった。結局成功しようが失敗しようが平等なので、「協業」はノルマ主義に陥る弊害がある。個人の責任が明確でないことが問題なのである。二年目、とうとうにっちもさっちもいかなくなり、五人の協業はご破算となった。

大潟村の農業はその理念に反し、ごく早い時期から個人経営を基調とするものになっていった。一通り最低限の訓練を受けたとはいえ、営農初心者である坂本家では、妻のみほ子さんとの二人三脚によって、文字どおりの「家族農業」が始まることになる。この時初めて坂本さんは、「自由がジワーッと実感されてきた」と言い、サバサバした気持ちになっている。協業の助けがなくなり、厳しさは増したが、百姓となった価値ある自分の存在をやっと身にしみて確認することができたのである。

●夢の実現

一人立ちして、さしあたり田の整理管理に取りかかった。協業の時、田は自分のものでありながら皆のものであり、そのため使い方はぞんざいだった。例えば、進入路を通らず近回りをするために、トラクターは畦畔《けいはん》をどんどん横切っていった。そのたび坂本さんは、心の中で「やめてくれ」と叫んだが、オペレーター（運転手）はいっこうに無頓着だった。その補修といっても何の機械があるわけではない、スコップで畦畔の形を整えるだけだが、逆にこの作業によって、田に自分なりの刻印が刻まれることに喜びを覚えたものである。

苗作りは妻の実家の岳父《がくふ》に頼んだ。田植えは六月三日と四日の両日と決まったが、これも岳父の計らいで按配《あんばい》されたものである。田植えは四枚だけだから大したことはないと思ったが、調べてみると結構いろいろな作業が必要だった。その一つに進入路作りがある。どうしたわけか田二枚に一つしか取り付けていないので、個人が自由に出入りできるようにと、進入路の新設という土木作業から始めなければならなかった。

これが終わると、田起こしのためトラクターに乗ったが、訓練所の訓練以来初めてで、どの程度土を起こせばよいかわからなかった。聞けば、「足のくるぶしの深さがあればよい」とのことだった。次は代掻《しろか》きだが、これは訓練所でもやったことはなかった。こんな調子で、四苦八苦しながら、やっと六月三日の田植え当日を迎えることができた。

二日間の手植えの田植えが終わると、非人間的な忙しさから解放され、気持ちにやっと余裕ができて、本来の自分を取り戻すことができた。この一か月は一日一二時間の肉体労働と、帰宅後の帳簿整理のほかは、食べることと寝ることとしかなかった。

しかし不思議なもので、余裕を取り戻して床に入ると、思ってもみなかった不安に襲われた。「はたして、自分のような無経験な者に、イネは実りをもたらせてくれるのだろうか」。そうした雑念を振り払い、翌日はウキヤガラ取りに精を出した。やがて小さな苗が根を出し、風に葉をそよがせるのを見て、「あっ、新しい命の躍動が始まった」と心躍ったのを憶えている。農業とは、わが子を育てるようなものだと思った。

九月になり収穫の季節を迎えた。この時、コンバインが共用なのと、操作技術がいる関係で、初めて村の仲間の手を借りた。仲間が運転するコンバインの脇に乗って、収穫されるタンクの中を見た。扱胴《こきどう》を通ってエレベーターで上がってくる生籾《なまもみ》は、「ハッチャ、ハッチャ」とタンクにたまった。コンバインの後ろを見ると、コンバインから吐き出された排藁《はいわら》がもくもくと山のように重なっていた。

そのようにして、一人立ちした一年目、何とか収穫へとこぎつけることができた。この時、百姓としての夢の実現の第一歩が、確かに始まったのである。

黒瀬喜多さん（第五次入植者・妻、滋賀県八日市市出身、昭和一九年生まれ、大潟村村長）

第五次入植者として夫の正さんに連れ添い、昭和五〇（一九七五）[46]年に滋賀県から入植した黒《くろ》瀬《せ》喜《き》多《た》さんは、開村四〇周年を迎えた平成一六（二〇〇四）年八月、大潟村村長として再選を果たした。平成一二年八月の町長選で初当選し、現在二期目、全国唯一の女性村長である。黒瀬村長については、この二期目の当選に際して、『朝日新聞』の全国版「ひと」欄が紹介をしている。以下の記述はその記事からの引用である[47]（資料１）。

〔前略〕（黒瀬喜多さんは）滋賀県の生活改良普及委員だった。同県職員の正さんと結婚。七五年、第五次入植者として移り住んだ。三人の子育てをしながら、デイサービス施設での高齢者介護、子どもへの本の読み聞かせなどのボランティア活動に取り組んだ。婦人会長も務めた。

人口約三千人の村は、食糧管理法の下、国の管理統制に反発して自由な販路で米を売る「ヤミ米派」と、統制に従う「食管順守派」に二分されてきた。

夫はヤミ米派。村長選には、ヤミ米派から担ぎ出された。食管法は廃止されて九年になるが、しこりは消えない。村内融和の難しさを痛感した。

就任当時、議会答弁などはすべて正さんが作った。今回の選挙戦では自分の言葉で力強く訴える妻を見て、正さんはびっくりした。二期目も対立を突き抜けようと住民参加型の村づくりに取り組む。

全国の入植者たちは産直や有機米の開発など、自ら活路を見いだしてきた。そのフロンティア精神が息づく村だからこそ、「いつか対立を解消し、一人ひとりが違った価値観を認め合えるようになる」と信じる。

この記事にあるように、夫の正さんはかつて「ヤミ米派」のリーダーの一人であり、自由米を推進する「大潟村稲作経営者会議」の幹事長だった人である。その人の妻が、選挙に際して自由米の推進を旗印に立候補し、二期つづけて当選を果たした。ここに激動を生きた大潟村の人たちの、「民意」が表れているといってよいのだろう。そして国の農政も、基本的にはこの「民意」と同じ方向で展開されてきた。

平成一四（二〇〇二）年八月、東京の地理教師仲間と一緒に大潟村を訪れた。この時、資料収集をかねて大潟村役場を表敬訪問したのだが、そこでまだ一期目半ばの黒瀬村長から挨拶をいただいた。そのなかで村長は、自らの立候補の理由を次のように話している。

「日本社会を、また、大潟村を取り巻く大きな社会変化の中で、いま、大潟村はどうすればよいかという時期に差しかかっています。「自分たち自身の生活を見直し、自分たち自身の将来を見つめること」、これがこれからの大潟村民には必要です。そうした地域住民の視点に立った、村民のための村政を目指して私は立候補しました。村の在り方を根本から変えなければならないという自覚を持って、大潟村の明日を見つめて頑張っていきたいと思います」。

ひと

開村40年を迎えた秋田県大潟村の女性村長

黒《くろ》瀬《せ》喜《き》多《た》さん（59）

全国で2番目に広かった湖・八郎潟を干拓して、国のモデル農村として出来た秋田県大潟村は今年、開村40年になった。全国でただ一人だった女性村長は先月末、再選された。

滋賀県の生活改良普及員だった。同県職員の正さんと結婚。75年、第5次入植組として移り住んだ。3人の子育てをしながら、デイサービス施設での高齢者介護、子どもへの本の読み聞かせなどのボランティア活動に取り組んだ。婦人会長も務めた。

人口約3千人の村は、食糧管理法の下、国の管理統制に反発して自由な販路で米を売る「ヤミ米派」と、統制に従う「食管順守派」に二分されてきた。

夫はヤミ米派。村長選には、ヤミ米派から担ぎ出された。食管法は廃止されて9年になるが、しこりは消えない。村内融和の難しさを痛感した。

就任当時、議会答弁などはすべて正さんが作った。今回の選挙戦では、自分の言葉で力強く訴える妻を見て、正さんはびっくりした。2期目も対立を突き抜けようと住民参加型の村づくりに取り組む。

全国の入植者たちは産直や有機米の開発など、自ら活路を見いだしてきた。そのフロンティア精神が息づく村だからこそ、「いつか対立を解消し、一人ひとりが違った価値観を認め合えるようになる」と信じる。

文・写真　中村靖三郎

資料１　『朝日新聞』全国版「ひと」欄の記事（2004年９月23日付け）

やや抽象的で婉曲な内容だが、これは国の米農政、すなわち食管農政の大きな方針転換と、国民の食指向の変化を受けた言葉だろうと思われる。かつて大潟村は、青刈り問題やヤミ米騒動に傷つきはしたが、なお国の庇護《ひご》の下に春を謳歌《おうか》していた面がある。その後の米価の低迷は、結果的にはそのことを物語っている。そうした変化の時代にあって、これからの大潟村に求められる役割とははたして何なのだろうか。

この時、坂本進一郎さんたち食管順守派だった人たちの基本的な考え方は、決して軽んぜられてよいものではない。農業は単に食料供給のための「産業」ではなく、ましてや農地は「工場」ではむろんない。それは「人が生きるための糧《かて》」を作り出す尊い営為であると同時に、「自然保護」のための知恵であり、「文化維持」のための方法でもある。食料自給の問題は、金にまかせて外国の食料を買いあさり、自分の胃袋さえ満たせれば事足りるというものでは断じてない。国の、あるいは国民一人ひとりの、日本農業の維持に向けた意識的な行動が必要不可欠なのである。

髙野繁さんは、入植者も一世から二世へ、家によっては二世から三世への時代になり、あと五年もすれば大潟村の様子もだいぶ変わってくるのではないかと思う、と話している。この新生の大地、そして湖底のふるさとに住まう村民の動向を注視するとともに、筆者自身も自己の生活を見つめ直し、日本の将来を考えていきたいと思う。

八「青潮」がくれた入植地

前章までの記述において、大潟村誕生以前の八郎潟での生活に始まり、開村当初の大潟村の様子や、国の減反政策が進む中での村の変貌、その後の村民たちのたくましい生きざまなどについて考察した。これにつづいて本章では、「青潮《あおしお》」[48]との関連において、この「新生の大地・湖底のふるさと」について民俗学的な検討をしてみたい。

ところで、「青潮」という語は近年、一部の海洋学者たちによって、海洋汚染を指す負の現象として研究論文がしきりに公表され、言及されている。[49]しかし本来、「青潮」は古くからある日本の文化語彙であって、それを名に冠した地名や文物[50]は少なくない。それは「青潮」が「黒潮《くろしお》」の分流として、古来、日本人に親しまれてきた暖流であることを物語っている。

（一）新生の大地と青潮

「青潮」とは、対馬暖流の別称であり、愛称である。この海流は東シナ海で黒潮から分流したあと、対馬海峡を通って日本海に入り、その後日本海各地の沿岸を洗いながら、北海道の宗谷《そうや》海峡、そしてオホーツク海沿岸地域まで北上している。青潮は日本列島に、ことに日本海側の地域一帯に、様々な自然の恩恵をもたらすとともに、人文的にも文化の一体性を醸《かも》し出す重要な役割を果たしてきた。

大潟村は、言うまでもなく八郎潟を干拓してできた新生の大地である。それだけに、大潟村の農業の様々な特徴、例えばヘドロの大地ゆえに地味が非常に肥えているとか、地下水位が高いため稲作には向いても、畑作には適していないなどの特徴は、八郎潟という湖を干拓してできた村であることにすべての出発点がある。つまり、そこに日本第二の湖、八郎潟があったからこそ、のちの大潟村の生活と歴史とが生み出されたということができる。そもそも、干拓計画自体が八郎潟の存在が前提になっているのである。

さて、大潟村の前提となった八郎潟は、じつは青潮の流れが作り出したものである。地理学では、もともと八郎潟は、雄物川《おもの》と米代川《よねしろ》の流出土砂などで、「男鹿《おが》の島《しま》」が陸繋島《りくけいとう》になって形成された海跡湖《かいせきこ》であるというのが成因上の定説になっている。(51) つまり、南からは雄物川の流出土砂が砂州《さす》として伸びて沖合にあった男鹿の島とくっつき、北からは米代川の土砂が同様にくっついて、両者の間に閉じこめられた海が八郎潟になったというものである。この時、砂州を形成する原動力となったのはおもに青潮の流れであるから、青潮がここに存在しなければ八郎潟が作られることはなかった。その意味で大潟村は、「青潮がくれた入植地」ということができるのである。

(二) 青潮と稲作

一方、青潮は稲作にとって、気候面でも重要な役割を果たしている。暖かい潮の流れである青潮（写真47）は、イネの生育期にあたる夏、高温をもたらす一つの条件となっている。大潟村とほぼ同緯度にある、太平洋岸の岩手県宮古市は、沿岸を冷たい寒流である親潮《おやしお》（千島《ちしま》海流）が流れることなどに

写真47　迷い込んだ大きな「越前クラゲ」（男鹿半島）
南方系の生物と言われ、青潮に乗って北上する。

より、両者の夏の気温差は平均で三度前後にも及んでいる。亜熱帯産の稲は、冷害に弱い作物であるが、東北地方の冷害（やませ）がなぜ太平洋側でばかり発生し、日本海側であまり発生しないかは、沿岸を流れる海流の違いがかなり大きな要因となっている(52)。

加えて、青潮は冬に多雪をもたらす因子としても機能している。日本海側の豪雪（写真48）は世界的にみても有数のものだが、これはシベリアからの寒冷乾燥な季節風が、温暖な青潮によってたっぷりと水分を補給されることが必要条件となっている。つまり、日本海側の多雪は、脊梁《せきりょう》山地の存在を前提として、冬のシベリア高気圧と青潮とがもたらす自然現象なのである。この雪解け水が初夏、安定的に供給されて稲作に役立てられる一方、冬の積雪が冬季の農作業を阻害して、夏作物である稲を選択させるという因果関係を導いている。

写真48　入口の雪囲いを済ませたコンビニ（秋田市内）
コンビニでこれが見られるのは雪国ならではの風景。

秋田平野、庄内《しょうない》平野、新潟平野、高田《たかだ》平野、富山平野と、日本海側の豪雪地帯につづく平野部がいずれも日本を代表する稲作地帯であるのは、以上の夏の高温と冬の多雪とが組み合わされたところに原因を持つが、その共通項となっているのは「青潮」の存在なのである。その意味では、大潟村が干拓適地として国家プロジェクトに取り上げられた遠因も、青潮にあるということができるのではなかろうか。

（三）青潮と民俗

青潮と民俗との関係はどうだろうか。まず、男鹿半島を代表する民俗の一つに、丸木舟《まるきぶね》（刳舟《くりぶね》）（写真49）がある。これは文字どおり原木を二つに割った丸木を刳り抜いてつくる縄文以来の舟だが、樹齢三〇〇年の杉の原木を使えば、親子三代、一〇〇年にわたって使用できるといわれる。丸木舟の伝播は南からのものと北からのものがあると考えられるが、南からのものは青潮によってこの地に伝えられたものといえよう。

そしてこの丸木舟は、かつて八郎潟に帆を張った「うたせ船《ぶね》」や、またその原型となった「潟舟《かたぶね》」に、形がそっくりなのである。丸木舟が日本で最も最近まで使われていた地域の一つが男鹿半島である。それは昭和三〇～四〇年代まで男鹿の漁師たちによって使用されたが、その影響が大潟村の前身、八郎潟の漁労生活にも少なからぬ影響を与えたと考えられる。

写真49　昭和40年代まで使われた丸木舟（男鹿半島）
八郎潟漁業で使われた「潟舟」に形が似ている。

また、男鹿半島で有名な民俗行事に「なまはげ」（写真50）があり、国の重要無形民俗文化財にも指定されている。これは、男鹿半島一帯では毎年大晦日《おおみそか》の晩（あるいは小正月《こしょうがつ》）に、各集落の若者たちが藁《わら》で編んだ装束を身にまとい、威厳のある所作で氏子《うじこ》の家々を回って新年の幸福を祈るものである。その語源について、「ナモミ」すなわち炬燵《こたつ》にあたってできる軽い火傷《やけど》の跡を「ハグ（剥ぐ）」ところからきており、怠惰をいましめるために鬼がやってくるのだという説がある。柳田國男もこの説を紹介しており、その上で、「東北にひろく、また北陸地方へかけて分布している[53]」と述べている。しかし「北陸地方へかけて」ではなく、逆に、男鹿のなまはげが「北陸地方から」伝わったということはできないだろうか。北陸地方では男鹿ほど明瞭にはなまはげ行事が残っていないが、青潮の潮の流れの向きにした

写真50 「なまはげ」の来訪に泣き叫ぶ子供たち（男鹿半島）
この鬼も青潮に乗ってやって来たのか。

写真51 青潮で南方から伝わったとみられる「石焼料理」（男鹿半島）
わっぱ汁が湯気を立てて現在調理中である。

がえば、むしろそう考えるほうが自然なのである。

また、『男鹿のなまはげ[54]』という子供向けの絵本では、中国の漢から五匹の鬼が日本海をわたってやって来たという設定がなされている。これは、「なまはげ」と言いながら「鬼」が主役の話だが、もし、なまはげと関連があるのだとすれば、その伝播にはやはり青潮の流れが関係していよう。

さらに、男鹿の郷土料理の一つに「石焼《いしやき》料理」（写真51）がある。これは魚介類や野菜などを入れた汁桶に、燃えたぎった石をぶち込んで、調理する豪快な料理である。長沢利明[55]氏からの教示によれば、こうした石焼料理は、本来は海岸近くの岩のくぼみを利用するもので、ポリネシア文化や縄文文化を引き継いだものといえる。同様の料理はすぐ南の山形県飛島《とびしま》では確認できなかったが、その先の新潟県粟島《あわしま》で同じものを見たことがある。粟島と男鹿とは、青潮に乗ってしまえば目と鼻の先と言ってよい距離である。これらのことからして、男鹿の石焼料理も、青潮を介して伝来した、南方からの民俗文化の一つであると考えることもできよう。

日本海に突き出た男鹿半島と八郎潟は、ともに青潮と深い関係にある。その意味で、「新生の大地」大潟村は、まさしく青潮がくれた「湖底のふるさと」ということができるのではなかろうか。

〈注および文献〉

(1) 南北約二七キロ、東西約一二キロ、周囲約八一キロ、面積約二二三平方キロのラグーン（潟湖《せきこ》）性の湖で、船越《ふなこし》水道で日本海とつながる汽水湖だった。秋田県西北部にあり、湖上のほぼ中央で東経一四〇度と北緯四〇度の経緯線が交差する。ちなみに、日本列島本土に一〇度刻みの経線は東経一四〇度だけ、一〇度刻みの緯線は北緯四〇度だけであり、その意味で、日本のへその一つであるともいえよう。

(2) 木村誠一「八郎潟と我が半生」、『新生の大地を拓き三十年』第一次入植三十周年記念事業実行委員会、一九九六年所収、一一〇–一一三頁。

(3) 八郎潟の別称（古名）について、吉田東伍は次のように述べている。「八郎潟　又、八龍《ハチリュウ》湖と云ふ、古人単に大方《オホカタ》と称す。男鹿島に掩蔽せられし内湾の、一変して斥鹵と為れる者とす。或は琴湖《コトノウミ》といふは、其由来を知らず、琵琶湖の対名にや、東北第一の大湖沢にて、南北六里東西三里。〔以下、略〕」（吉田東伍『大日本地名辞書　奥羽』冨山房、一九〇六年（増補版、一九七〇年、九四一頁））。

つまり、八郎潟には「八龍《はちりゅう》」「大方《おおかた》」「琴湖《ことのうみ》」の三つの別称（古名）がある。このうち大方は「大潟」で、大きな潟を意味する直截的な名である。また、琴湖の語源は定かでないとしながらも、琵琶湖の「琵琶」と対になる名ではないかとしている。

なお、「八龍」について東伍はとくに言及していないが、一般には八郎潟の竜神伝説にちなむものといわれている。また、「琴湖」は、明治天皇の明治一四（一八八一）年の巡幸の際、天皇が命名したものとされる（『角川日本地名大辞典』編纂委員会・竹内理三編『角川日本地名大辞典　五　秋田県』角川書店、一九八〇年、九二四頁）。
（4）「反《たん》」は古来よりの田畑の基本面積で、「町《ちょう》」の一〇分の一。元来は一辺約三三メートルの正方形をした農地であった。現在の面積では約一〇アール、すなわち約〇・一ヘクタールに相当する。一反は、一石《こく》（玄米に換算して約一五〇キロ）の米を収穫できる田の面積に基づいて定められた。一石は人の一年分の食料として決められた単位であるから、例えば百万石の領地といえば、民百姓《たみひゃくしょう》を百万人擁し、百万反の農地を所有していることと同義であった。
（5）『角川日本地名大辞典』編纂委員会・竹内理三編『角川日本地名大辞典　五　秋田県』角川書店、一九八〇年、「鹿渡村」の項を参考。
（6）伊藤功正「入植三十年前後の回想」（前掲書（2）、一〇二頁）。
（7）八郎潟に竜神、「八郎太郎」が住んだとする伝説で、男鹿の一《いち》の目潟《めがた》に住む女竜神「田沢湖の辰子姫」と「八郎太郎」との愛情物語が伝えられている（前掲書（5）、九〇七頁）。
（8）文化庁文化財保護部編『八郎潟の漁撈習俗』平凡社、一九七一年、一八頁。
（9）前掲書（8）、一二四頁。
（10）前掲書（5）、九〇七頁。
（11）前掲書（8）、一四八頁。
（12）山下清海「八郎潟干拓で誕生したモデル農村　秋田県大潟村」（平岡昭利編『東北　地図で読む百年』古今書院、二〇〇〇年所収、八九頁）。

（13）「Big Country 大潟村」大潟村、一九九一年。
（14）第一次入植は五六名の枠に対して全国から六一五名が応募し、倍率一一・〇倍の超難関になったが、第三次の倍率は一・七倍と低かった。なお、五回の倍率の平均は四・一倍であった。
（15）佐藤忠一「思えばあの時」（前掲書（2）、八六‐八七頁）。
（16）新泉昭二「三十年を振り返って」（前掲書（2）、四八‐四九頁）。
（17）新聞名・掲載日不詳（前掲書（2）、四一頁による）。
（18）誤記と思われる。実際には、第一次入植者は五六名である。
（19）前掲（17）の新聞記事を参照（前掲書（2）、三八頁による）。
（20）この一〇ヘクタールは稲作用として配分されたものだったが、第四次入植を終えた昭和四五（一九七〇）年以降、米余り現象が顕在化して米の生産調整が実施された。このため、第五次入植者には配分を一律一五ヘクタールに増やす代わり、七・五ヘクタールずつの田畑複合経営とすることが条件とされた。この時、第四次までの入植者にも五ヘクタールずつが追加配分され、同様の措置が取られた。
（21）『二〇〇一年度大潟村農業・環境データブック』大潟村環境創造、21、二〇〇一年、二七頁。
（22）櫻井治男「新しい共同体における神社の創建と共生意識——滋賀県大中の湖・秋田県八郎潟干拓地農村をめぐって」、『神道宗教』、第一六八・第一六九号、一九九七年、三八〇頁。
（23）前掲（17）の新聞記事を参照（前掲書（2）、四二頁による）。
（24）以上、いずれも大潟村干拓資料館の展示資料による。
（25）『大潟村——2000 大潟村勢要覧』大潟村による。

(26)戸井田克己「北東北・風の民俗——風にまつわる生活と文化——」(『民俗文化』、第二七号、近畿大学民俗学研究所、二〇一五年、三三一八一頁)。

(27)第一次入植者にとって五年目にあたる昭和四七(一九七二)年の生産者米価は、俵あたり九〇三〇円だった。これが一〇年後の昭和五七年にはほぼ二倍の一万七九五一円となっている。この後、生産者米価はほぼ横這いをつづけ、その後再び低下するので米価による単純比較は難しいが、当時の五〇〇〇万円は現在の千数百万に相当すると考えられる。

(28)坂本進一郎『大潟村新農村事情』秋田文化出版社、一九八四年。

(29)手もとにある学習用の国語辞典もその一つだが、なかには『広辞苑』のような分厚い辞書にもあやしいものがある。

(30)作付け段階から政府が介入する米で、あらかじめ決めてある限度数量までは政府が買い上げる米。政府米の価格は、米価審議会に諮問したうえで、政府が決定する。

(31)農家から小売店まで、政府米と同じルートをたどって流通するが、価格決定は政府の指定を受けた集荷業者(かつての経済連、現在の全農など)と卸売業者に委任されている米。実際の価格は、産地・銘柄・品質・需給状況などによって決定される。

(32)有機栽培米や減農薬栽培米など、安全な米を求める消費者の声に応じてのちに設けられたもので、「通常と著しく異なる方法で栽培される米」と定義される。これに認められると、生産農家と消費者との直接取引が可能となる。

(33)Be-Common(平成四年四月号)による。

（34）以下の記述は、美谷克己『オラを告発しろ！——ヤミ米商・川崎磯信奮戦記——』（桂ブックレット、二、桂書房、一九九二年、三〇-三二頁）の要約である。
（35）この村外運びだしには富山県の米卸売業者「K」なども関係した。その顛末を記した、川崎磯信『食糧庁殿　わたしはヤミ米屋です——「食管癒着」食糧庁・農協の利権構造を暴く——』（現代書林、一九九二年）は、流通関係者によるヤミ米騒動の記録である。その根底には、国の食管農政への批判があった。
（36）坂本進一郎『コメ自由化許さず』御茶の水書房、一九九一年、八二-八三頁。
（37）戸井田克己「国際化と日本農業——モデル農村・秋田県大潟村で考えたこと——」（『東京都立国際高等学校研究紀要』、第四号、東京都立国際高等学校、一九九三年、五五-六四頁）。
（38）公社の説明では、「無農薬・無化学肥料で、農家が手塩に掛けて育てたお米」とされている。
（39）公社の説明では、「独自開発した有機ペレットを使用し、農薬は除草剤一回のみで栽培する、厳選されたお米」とされている。
（40）公社の説明では、「優れた自然環境を活かし、必要最少限の防除による健康な稲作りにつとめたお米」とされている。
（41）村に滞在中の二〇〇六年一〇月一六日、ちょうど二五万人目の入館者を記録した。
（42）坂本さんのおもな著作として、本稿で引用したもののほか、次の文献が挙げられる。
坂本進一郎『大いなる大潟村——入植者の記録——』耕文社、一九七四年。

坂本進一郎『八郎潟干拓地からの記録——入植者の記録——』秋田文化出版社、一九七五年。

坂本進一郎『青刈り日記――大潟村からの報告――』秋田書房、一九七九年。

坂本進一郎『土と心を耕して』御茶の水書房、一九八九年。

坂本進一郎『大潟村ヤミ米騒動・全記録』御茶の水書房、一九九〇年。

坂本進一郎『米盗り物語――「モデル農村」に見る日本型ムラ意識の構造――』影書房、一九九〇年。

坂本進一郎『(新)食糧法は「無農国」への道』御茶の水書房、一九九六年。

坂本進一郎『農民の声を聞け――「国」栄えて「民」滅ぶ日本――』御茶の水書房、一九九七年。

坂本進一郎『日本農村大リストラ――人間にとっての農業の意味――』御茶の水書房、一九九八年。

坂本進一郎『何のために農業が必要か』御茶の水書房、一九九九年。

坂本進一郎『新農基法に何が期待できるか』御茶の水書房、二〇〇〇年。

坂本進一郎『一本の道』御茶の水書房、二〇〇二年。
(43) 主として、坂本進一郎『大地の民』離騒社、二〇〇六年を参照した。
(44) 坂本さんにはこのほか、彼を代表編集人とする『翻身』(コメ・農業潰しに黙っていられない秋田県委員会発行)という年報がある。「誌名の由来」によれば、「翻身」という言葉は、「農民が地主の圧力をはねのけて立ち上がること」を意味するというが、それは坂本さん自身の翻身、すなわちサラリーマンから大潟村農民への転身をもかけた合わせた言葉といえよう。
(45) 坂本さんの場合五人一組だったが、六人一組のグループが基本だった。
(46) 第五次入植者として昭和四九年に夫の正さんがまず入植、妻の喜多さんはその一年後に当地に移り住んだものと思われる。

（47）『朝日新聞』二〇〇四年九月二三日付け「ひと」（文・中村靖三郎）による。
（48）「青潮」については、これまで以下の拙稿などで検討した。
戸井田克己「青潮の民俗――五島列島・福江島の生業と生活――」（『民俗文化』、第一七号、近畿大学民俗学研究所、二〇〇五年、一三一―一八九頁）。

戸井田克己「飛島の民俗――青潮に漁《すなど》る人々――」（『民俗文化』、第一八号、近畿大学民俗学研究所、二〇〇六年、一七九―二三六頁）。

戸井田克己「江差・奥尻民俗紀行――「青潮《あおしお》」と「白潮《しらじお》」の出会う海域――」（『民俗文化』、第一九号、近畿大学民俗学研究所、二〇〇七年、二〇〇―二七二頁）。

戸井田克己「対馬の暮らしと民俗――朝鮮につづく青潮の島――」（『民俗文化』、第二〇号、近畿大学民俗学研究所、二〇〇八年、一〇三―一八〇頁）。

戸井田克己「屋久島・種子の自然と民俗――青潮生まれる海域の瀬風呂と赤米神事を中心に――」（『民俗文化』、第二一号、近畿大学民俗学研究所、二〇〇九年、一四三―二一八頁）。

戸井田克己『青潮文化論の地理教育学的研究』古今書院、二〇一六年、三四四頁。
（49）その一例を挙げれば、「閉鎖性内湾の下層水の溶存酸素濃度が低下し、そこに棲む生物に悪影響を及ぼすような状態になることをことを貧酸素化という。日本の多くの内湾で貧酸素化現象が起きており、大きな水質問題となっている。また貧酸素化がさらに進むと無酸素化し、硫化水素が発生するようになる。硫化水素を含んだ無酸素水塊が海面に現れると青潮となり、沿岸の生物に深刻な悪影響を及ぼす。」（藤原建紀「内湾の貧酸素化と青潮」『沿岸海洋研究』、第四八巻一号、三頁）という。しかし、それは海水が青くなるのではなく、白濁する現象である。先行して社会問題化した「赤潮」をもじった語呂合わせでしかなく、しかも、一九八〇年代以降になって突如登場してきた用語である。

（50）例えば、鹿児島県甑島《こしきじま》列島の主峰である「青潮岳」や、俳句の季語としての「青潮（春潮）」、薩摩焼酎の銘柄名としての「青潮」、長崎県対馬の海浜公園「青潮の里」などがある。

（51）前掲書（12）、八九頁、および前掲書（3）、九四一頁。

（52）このほか、太平洋側には寒流の親潮（千島海流）が流れることで夏に「ヤマセ」が発生する一方、日本海側ではフェーン現象が起き、気温が上昇することなども関係する。

（53）柳田國男監修『民俗学事典』（東京堂出版、一九五一年）の「なまはげ」の項による。

（54）金子義償・土井敏秀『男鹿のなまはげ』無明出版、二〇〇四年。

（55）筆者への私信による。

補遺　国際化と日本農業

――モデル農村・秋田県大潟村で考えたこと――

（一）はじめに

秋田県男鹿半島。レンタカーで海抜三五五メートルの寒風山にのぼる。眼下には、かつて琵琶湖につぎ日本第二位の面積を誇った八郎潟を干拓してできた大潟村[1]が広がっている（図1）。コメどころ秋田の中でも、県内随一の穀倉地帯の一角だ。周囲を承水路に囲まれ、その中に巨大なコメの島が浮かぶさまが手に取るように見渡せる。大きく整然と区画された水田の眺め。それはこれまで見慣れた日本の田園風景とはどこか違っていた。

寒風山をあとにして大潟村に足を踏み入れる。どこまでもつづく水田を貫く一直線の道路。村の中心部を目指してひた走るが、いつまでたっても民家はみら

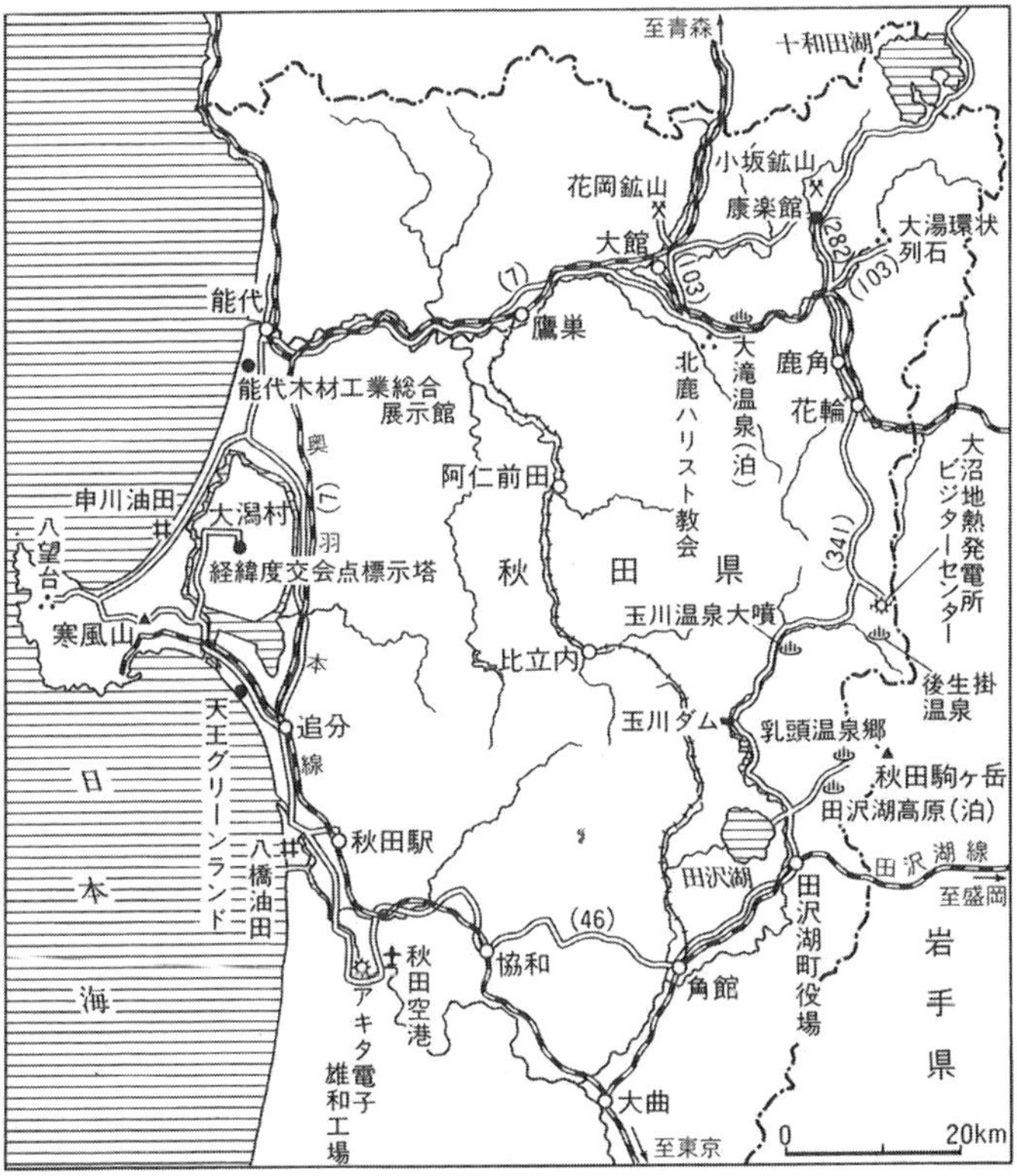

図１　秋田県大潟村の位置

〔出所〕『大潟村――2000 大潟村勢要覧』より転載。一部加筆。

れない。目に入るのはただ、一辺が一〇〇メートルはあろうかという圃場の幾何学模様ばかりだ。

ようやく村の中心部にいたる。赤、青、緑のカラフルな切妻屋根を頂いたモダンな家並みがつづく。どの家にも納屋などというものはない。トラクターも、いまや農家の必需品となった運搬用の軽トラックさえみられない。東京の山の手を思わせるあかぬけた「高級住宅街」がそこにはあった。もはや、この村の農村景観としての異様さは決定的となった。

昨年（一九九二年）八月、筆者は秋田県の地域調査[2]をおこなう機会に恵まれ、かつて日本の「モデル農村」とうたわれた秋田県大潟村を訪れた。時まさしくＧＡＴＴのウルグアイ・ラウンド農業交渉の大詰めを間近に控え、コメの市場開放か否かの決断を国として迫られようとしている時期である。調査では、第四次入植者として農業に勤しむ坂本進一郎氏[3]に村内の案内と聞き取りへの対応を依頼した。本稿では、このときの聞き取りと観察から得られた資料、ならびにその前後に収集した諸文献類をもとにして、国際化と日本農業の関わりについて考察する。また併せて、地理教育における日本農業の取扱いに関して若干の提言をおこないたい。

ではまず、大潟村の大まかな歴史と、コメ作りの現状を概観することからはじめよう。

（二）大潟村略史

八郎潟を干拓して食料を増産しようという思惑はかなり早い段階からあった。[4]しかし、その計画が現実のものとしてはじめて具体化されたのはオランダのヤンセン教授とフォルカー技師の来日を契機に、一九五六年に農林省がまとめた「八郎潟干拓事業計画」によってであった。この計画により、およそ二〇年の歳月と総事業費八五〇億円あまりが投じられ、八郎潟の湖底は一万七〇〇〇ヘクタール強の新生の大地・大潟村として生まれ変わったのである。それはゾイデル海を干拓したオランダのそれと同じ手法を用いてのものだった。

大潟村建設の目的は、「干拓してできた大地に、日本農業のモデルとなるような生産性及び所得水準の高い農業経営を確立して、豊かで住みよい近代的な農村社会を作る[5]」ことにあった。その主体となるべきはコメである。この村はまさに、日本人にとって食の根幹をなすコメをとおして、日本農業の行く末を占うモデル農村といえた。

入植は数次に分けておこなわれた。一九六七年の第一次入植（五六名）をかわきりに、第二次（八六名）、第三次（一七五名）、第四次（一四三名）、第五次（一二〇名）と、計五八〇名（秋田県事業での九名を除く）の農民が志も篤く入植した。かれらはいずれも、全国各地から選抜された将来の日本農業を担うパイオニアたちである。前掲した五頁の**表1**は、出身地方別の入植者数を示したものだが、地元秋田県はもとより、その分布は北は北海道から、南は沖縄県まで一都一道三六県に及ぶ。文字どおり、全国各地の篤農家《とくのうか》がここにつどった様子が見て取れる。

しかし奇しくも、第四次入植を終えた一九七〇年以降、国内のコメ余り基調が顕在化しコメのいわゆる生産調整が全国的に実施されることになる。ここ大潟村もまた、その例外ではなかった。そのため、それまで毎年順調に進められてきた入植が一時ここで途絶え、再開されるのは四年後の一九七四年であった（上記、第五次の最終入植）。しかもそれは当初一戸あたり一〇ヘクタールを稲作専門に営めるとしたものを、一五ヘクタールに増やす代わりに七・五ヘクタールずつの田畑複合経営をおこなうという条件付きのものだった[6]。このようにして、コメの生産性を高めるはずの当初の計画は、皮肉にも実質的な減反を入植者に迫るという予期せぬ展開となっていったのである。

しかし、大潟村の大地はもともと八郎潟の湖底だったところである。すべてが海抜〇メートル未満の低湿地であり、地下水位も高い。そのため、村の周囲に高さ二メートルほどの堤防を巡らせ、その外を取り巻く承水路に四台の大型ポンプで常時水を汲み揚げている。このような土地はコメ作りには比較的向いていても、麦類や豆類などの畑作物の栽培に向いているわけではない。加えて、多品目の作物を栽培することで作業効率が落ち、その分大規模経営のメリットが失われる。こうした事情などから、減反に応じずにコメの過剰作付けをおこなう入植者があとを絶たず、これにごうをにやした農水省と秋田県は一九七五年、コメの過剰作付け分についてはじめて強制的な「青刈り」[7]を断行した。

この事件を契機にして行政側と一部入植者の対立はいっそう深まり、毎年のように過剰作付けと青刈り命令のイタチごっこが繰り返されるようになる。こうした中、行政側はあくまで高圧的な態度を崩さず、一九八二年と一九八三年にはそれぞれ前年の過剰作付けを理由に、ついに二人の農民に対して配分した農地の明け渡し（買い戻し）手続きを取るにいたった[8]。このようにして、全国の期待を一身に背負って誕生した大潟村は、当初から光と影を併せ持つ存在となっていったのである。

（三）モデル農村の現在

大潟村ではその後もコメの過剰作付けがつづいている。そしてそれらのコメは政府米や自主流通米などの正規ルートでは販売できないことから、いわゆる「ヤミ米」（不正規流通米）販売を横行させる結果となっている（否、むしろ順序が逆で、ヤミ米として販売するために過剰作付けがおこなわれているといえる）。かくしてモデル農村はいま、全国のヤミ米[9]の一大発信基地と化している。

聞き取りなどによれば、大潟村のヤミ米の多くは、富山県の米穀商・川崎磯信氏(10)その他を通じて「大稲米《だいとうまい》」のブランド名等で全国各地に出荷されてきた。また坂本氏によれば、宅配便を利用した個人消費者への直接販売(11)もこのところ急速に増えてきているという。これらのヤミ米は、ほぼ集落ごとに一つずつある計一五ないし一六のヤミ米グループが集荷し、専用の乾燥・精米機で加工したうえ売りさばかれるとの由である。

一方、坂本氏は図2に示したように、コメ・大麦・大豆の二年三作をおこない、実質的に三〇パーセント程度のコメの減反を実行して国の指導を順守している。氏が減反政策に従う理由は、その著作(12)にも端的に述べられているとおり、戦後の日本農政は多くの誤りを犯しながらも、食管制度そのものは農業（家族農業）を守る最後の砦だと考えるためである。よって食管制度を守るために、この制度から派生する減反政策は順守されなければならないものとなる。

しかし、大潟村全体としてみると三〇パーセントの減反どころか、さしずめコメ一色とでもいった趣がある。坂本氏の案内で作付けの現場を見て回った。図3は、坂本氏の追加配分された五ヘクタールの団地周辺の土地利用を大まかに示したものだが、氏の圃場の周囲

	1年目 5月	1年目 9月	2年目 6月	2年目 11月	3年目 5月
コメ	田植 →	収穫			田植 →
大麦		播種 →	収穫		
大豆			播種 →	収穫	

図2 米・大麦・大豆の二年三作による減反
坂本進一郎氏からの聞き取りによる。

にはコメ以外の作付けはまったく観察することができなかった。上述したとおり、本来七・五ヘクタールずつの田畑複合経営との申し合わせのもとに配分された農地であったが、減反はおろか、畑作に利用しなければならないはずの七・五ヘクタールでさえも水田として利用する入植者が相当数を占めている現実を目のあたりにした。

こうした行為が公然とまかりとおる背景を坂本氏は、一五ヘクタール全部にコメを作ってヤミ米に流した方が楽をしてもうかるという入植側の事情ばかりでなく、政府もまたそのヤミ米を黙認しているからだとみる。そして、「実は政府はコメ完全自由化のシナリオを持っていて、そのシナリオの中で大潟村のヤミ米を泳がしておいた方がいいという深慮遠謀がヤミ米黙認の理由である」(13)と

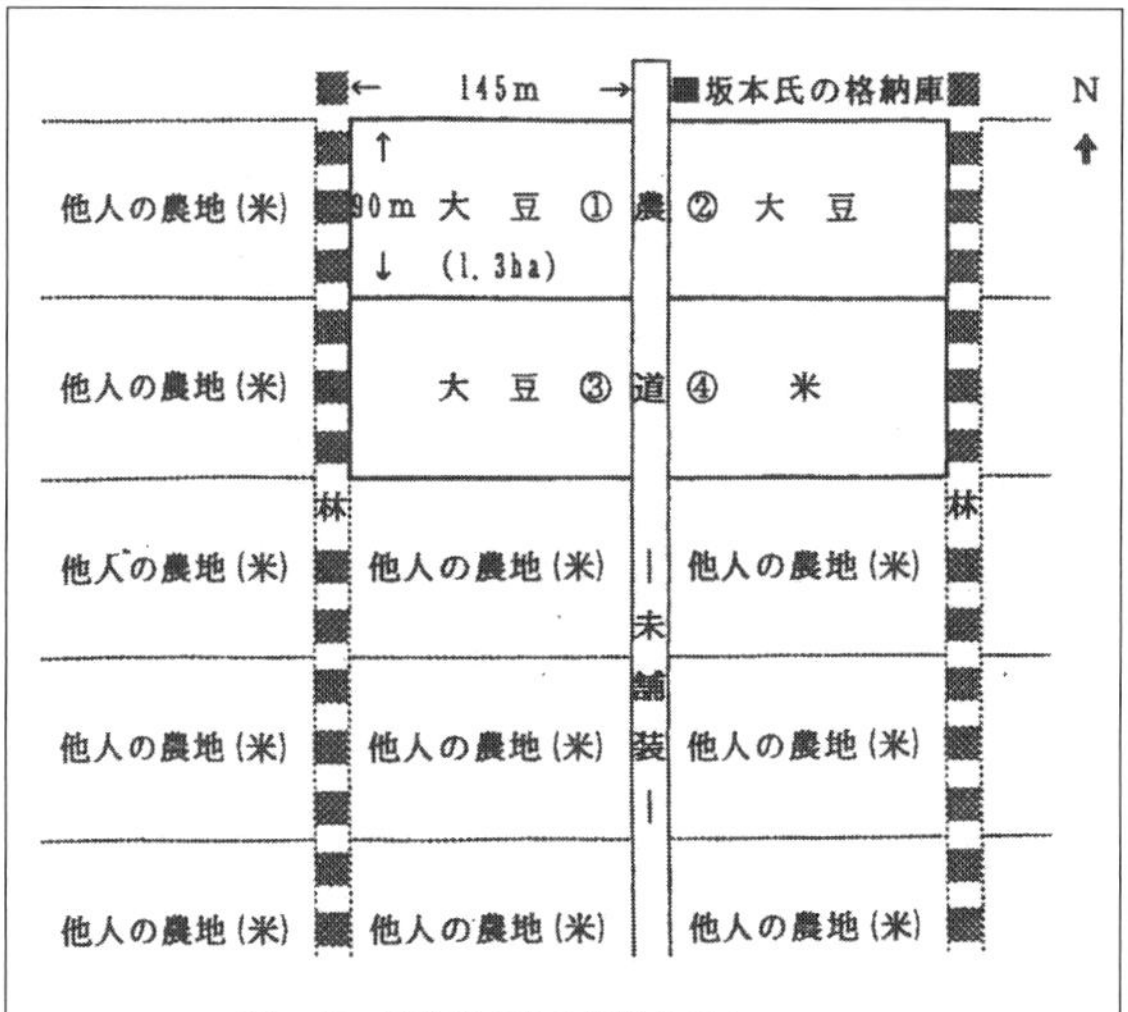

注）①～④は坂本氏の圃場を示す

図３　坂本氏の5ha団地周辺での作付け
1992年８月の現地観察による。

分析するのである。彼の分析が正しいとすれば、国と一部身勝手なコメ農家が一体となり、日本の農家・農業潰しへの道を邁進していることになる。なお、多くのマスコミ報道同様、これまで大潟村のヤミ米生産（過剰作付け）の実態を中心に報告したが、坂本氏と同様に減反を順守する入植者も少なくない[14]ことを付言しておきたい。

最後に、坂本氏の案内で村内に二か所ある氏の格納庫を見学した。このうち集落のはずれにある共同格納庫では、彼が共同で所有する一台二〇〇〇万円のオランダ製コンバイン[15]が保管されていた。アメリカの収穫風景等で時折目にするのと同じ、文字どおり巨大なコンバインである。しかし、その逸材も年にわずか二ないし三日稼働するに過ぎないのだという（二ないし三日程度の稼働で事足りるのである）。一五ヘクタールという経営規模は日本の平均からすれば一〇倍を超える大規模であるが、コメの自由化を迫るアメリカのそれと比べれば一〇分の一にも満たない規模の小さなものであることをあらためて思い知らされた。

以上、モデル農村・大潟村におけるコメ作りの概略を報告した。そこでわかったことは以下の点である。第一に、ヤミ米の横行からも自明なように食管制度はすでに骨抜きとなっている。今後あらためて食管制度をどうしていくかが、食の国際化の進展、すなわちコメの市場開放との関連でまさに重要な課題となるだろう。第二に、一五ヘクタールという経営規模は日本の常識からすれば巨大だが、世界の常識からすればけっして大きなものではない。この現実は農業を今後どのようなものとして位置づけていくのか、そしてどのような農業を望ましい姿だと考えるのかといったこととともかかわって、よりいっそう重要な問題となってこよう。

（四）国際化と日本農業

日本の国際化の必要性がとなえられて久しい。それは従来のモノの国際化に加え、ヒトの国際化（いわゆる外国人労働者の問題や、人的な国際貢献の在り方を含む）や、カネの国際化、教育の国際化など幅広い方面に及ぶ。そしてモノの国際化も、従来聖域とされてきたコメ市場の開放、換言すれば、国際化の進展にともなう日本農業の在り方が議論の的となっている。このうち一連のコメ市場の開放論議は、確かにアメリカの市場開放要求やGATTのウルグアイ・ラウンド農業交渉を直接の引き金として進められてきたものである。だが従来、これらを抜きにしても、こうした論議がまったくみられなかったわけではない。このように狭義にはGATTのウルグアイ・ラウンド農業交渉に、そしてより広義には一般の国民に潜む半ば普遍的ともいえる感情にもとづいて繰り広げられてきたところの、国際化時代における日本農業の在り方に関するこの論議を俎上《そじょう》にのせ、その問題点を考察していくことにしよう。

①新農業政策の問題点

農水省は昨年（一九九二年）、一〇年後の農業の基本方向をにらんだ新政策[16]を発表した。これは以上の文脈にそって提出されたものといえる。すなわち、対外的には少しでも競争力のある農産物生産の現場育成を目指して、対内的には農政への不満やコメ農家への不信感の払拭を意図して出された政策である。その骨子は、①一〇ヘクタールから二〇ヘクタール規模の少数の農家（経営体）を育成しコメ作りの八割を任せる。②米価の決定には市場原理を導入する、③株式会社の導入を検討する、④必要な食料は安定的な輸入を図る、の四点からなっている。

このうち①については、その規模からみてまさに大潟村が一つのモデルケースとなるだろう。そしてその破綻はすでにみたとおり明らかである。大多数の零細農家の存在と、骨抜きとはいえ食管制度に守られた現状ならばともかく、全体の八割ものコメがこうした規模の農家によって栽培されるのだとすれば、コストの低減化が自ずと問題になってこよう。しかし、大潟村の格納庫に眠る巨大なコンバインの存在が物語るように、この規模では機械の利用効率や労働時間の使用効率はそれほどには高まらず、移送にともなうコストを差し引いても、タイはおろか、アメリカとの価格競争にも勝算の見込はないというべきである。また逆に、一概に一〇ヘクタールから二〇ヘクタールの規模というが、日本の農業集落は二〇ないし三〇戸程度の農家からなるものも少なくなく、そうした集落では集落内のすべての農地を合わせても二〇ないし三〇ヘクタール程度にしかならない。したがって、それは集落内の農地を一ないし二戸の専業農家に極度に集中させることを意味する。しかし、先祖代々の土地を受け継いでおこなわれる農業の特殊性に鑑みて、このような政策が一〇年以内に本当に実現可能なのであろうか。

②はこれまでも逐次進められてきた食管制度の形骸化（廃止）を、内外に明確に宣言したものである。しかし、コメの価格弾力性は小さく、天候等の要因によって価格が乱高下することが容易に予想される。実態は骨抜きであるとはいえ、食管法の規制のもとの米価と、規制を撤廃した後の米価とではその意味において雲泥の差があろう。このことは労働力市場の開放を公式に表明してきたドイツと、非公式に不法労働者を容認しつつも、公式には「鎖国」政策を堅持する日本との現状の差ほどの違いともいえる。

③は「導入を検討」するとの但し書きがあるものの、国内的には今後国がもっとも重視していきたい政策なのではあるまいか。仮にこれが導入された場合、とくにコメのように省力化が進んだ農産物にあっては、株式会社を含む企業体が生産に介入する余地が広がり農業を本質的に変革させるものとなるだろう。そこでは経済効率のみが追求され、比喩的な表現ではあるが、「コメ工場」のようなものまでが出現して、工場労働者にも似た農業従事者がコメを生産するようになるかもしれない。そして、価格面で掛け値なしの国際競争が展開されたうえ、④とも一体となって、国際的にみて比較的競争力のある部門を中心にした農業が展開されていくことに

なるだろう。

これらのシナリオはいずれも一〇年という短時間に実現されるようなものではない。しかし、新政策は少なくとも、より将来的にはこうした方向をにらんで策定されたものということができるだろう。

②農業は「産業」ではない

新政策の問題点、敷衍《ふえん》すれば戦後農政の問題点は、農業を他の産業と同列に位置づけてきたことである。否、より正確にいえば、食管制度を徐々に弱体化させつつもこれを温存してきたという点で、従来の農政は農業をなお特別視してきた。しかし新政策最大の問題は、その背後に、農業を「産業」の一部としてみていこうとするはっきりとした思想を抱えている点にある。食管制度や、それにあぐらをかくコメ農家に不信感を募らせてきた国民の多くには、新政策の方向性はむしろ歓迎されるべきものかもしれない。遅きに失した感さえ持つだろう。しかし、彼らもまた農業一産業論に毒されている。

農業は単に生産機能を持つだけの存在ではないという意味において、また本来効率性や採算性のみが追求されてよい存在ではないという意味において、必ずしも「産業」とはいえない側面を持っている。農業はその国の気候風土の中で育まれてきた文化であると同時に、産業機能を超えたいくつかの役割を担っている。換言すれば、農業にはカネでは買うことのできない本質的でかけがえのない価値[17]が内在する。端的にいって、それは広い意味での環境保全の機能である。

農水省はかつて、農林業の持つ環境保全機能を数字で評価したことがある。それによれば、酸素供給、大気浄化、水資源涵養《かんよう》、土壌流出防止、その他、しめて年間三七兆円（一九八〇年当時）と試算されている。この額は当時の政府予算のおよそ三分の二にも匹敵する巨大なものである。だが本来、その環境保全機能を正確な数字に置き換えることなど到底不可能である。また無意味でもある。それは、こうした自然環境の保全に要するコストを正確に算出できないということばかりでなく、農業は社会環境の保全にも広く寄与しているからである。

山村や農村には伝統的な様々な文化的価値がある。民俗・風習から民話・民芸にいたるまで、伝統的文化は農山村において継承され、維持されるものである[18]。と同時に、それは山村や農村に住んでいる人だけのものではなく、都会に住む人とも共有されるべきものである。都会人は休日、農山村に行って自然に接する。そして、そこに残っている伝統文化の一端にも触れる。このようなことがなければ、一つの国の厚みのある文化的環境を維持することはできないであろう。加えて、農山村に残された自然や伝統文化は、次代の子供たちの教育の場でもある。したがって、農水省のこの試算は農林業の持つ一面を評価しただけのものにすぎないといえるし、また新政策のとなえる効率を追い求めた農業の在り方や株式会社の導入などは、このような認識の欠如からくる皮相な発想といわざるをえない。

さらに、一国の食料を基本的に自給し農業を守っていくことは、国際的にみてもきわめて意味のある大切なことである。例えば、農産物を大規模に移動させるということは、土壌の持つ養分をある場所から別の場所へ目に見える形で移動させることを意味する。生産国では過度の養分損失や土壌流出が生じ、消費国では過度の有機蓄積が進むことになる。アメリカの穀倉地帯が深刻な土壌侵食に悩まされていることは周知の事実だが、逆に日本では今後、畜産業や食品産業から出る産業廃棄物の処理の問題が一層深刻化していくに違いない。他方、農業に依存する開発途上国との関係の面でも問題は多い。先進国でハンバーガーの消費（肉の消費）が増えると途上国の森林が失われるという「ハンバーガー・コネクション」の問題や、輸出はするが自国での食料にはこと欠くといった途上国の食料不足の問題など、地球環境問題や南北問題を温存し、または一層深刻なものにしていく一つの要因ともなるだろう。

ところで、政府はＧＡＴＴのウルグアイ・ラウンド農業交渉の場で、食料安保論を盾にコメの市場開放を阻止しようとしてきた。これはきわめて重要かつ単純明快な視点ではある。しかし反面、安定的な輸入が確保されるならばコメを輸入に頼ってもよいという論理に陥ってしまう。実際、アメリカの主張はこの点を保障するといった趣旨のものである。また日本は従来、主食用以外の穀物についてはすでに自給を放棄する政策を採ってきたが、現実に安全が脅かされたわけではない。消費する側と生産する側の相互依存関係の深まりが、これを保障してきたという実績がある。

他方、国民感情としては、食料安保論もさることながら、いわゆるポストハーベスト等の食の安全に関わる問題が大いに気になるところである。しかしこの点に関しても、使ってよい農薬を供給国に順守させたうえで、水際でのチェック体制を強化すればよいということになる。これにはおそらくかなりのコストを必要としようが、それは市場価格に転嫁すれば問題は解消される。ゆえに、この論議もまた、広い意味で「産業」という枠の中で結論を導きだすことができるものとなる。すなわち、仮に同じ品質で同じ安全性が得られるならば、価格が安いほうがよいという論理に帰着しよう。

以上のように、農業を単に「産業」としてみた場合、結局はリカード以来の比較生産費説に限りなく向かっていくことは必然であろう。そして日本のような国ではこれまで以上に工業に特化し、少しでも安い農産物を世界中から買い集めることがもっとも得策であるように思われる。しかしそれは以上みたとおり、表面的な部分にのみ依拠した発想なのであり、総体的にみた場合、計り知れない損失の上になりたった皮相なカネの論理といえよう。

③国際化時代の農業の在り方

国際化時代とはヒト・モノ・カネが人規模に移動する時代をいうのだとすれば、それは交通・通信が発達し、移動にともなう時間と経費の低減化がもたらした時代である。それだけに、農産物の移動もいっそう大規模化していく傾向があるのは否めない。しかしこと農産物に関しては、表面的なコストを犠牲にしても、あるいは農産物価格にそのコストを転嫁[19]してさえも、域内での生産と消費の完結（エコ・システムの確立）を目指す方向性を堅持すべきである。

ＥＣ諸国が実施している共通農業政策は、こうした方向性をもにらんで進められているものであるが、日本の農政も、そして国民も、認識を新たにしていく必要があるのではなかろうか。さらにいえば、ＧＡＴＴのウルグアイ・ラウンド農業交渉の場でもこのような視点からの議論がなされてよい。日本はそのオピニオン・リーダーを目指すべきでこそあれ、農業を「産業」としてしかとらえていないアメリカの言いなりになってはならない。それがひいては、世界の、そして世界の一大農産物輸出国アメリカの、利益にもつながっていくことになるだろう。交渉の場で、日本はこのことをこそ主張していくべきである。

以上の考察から、今後の農業と農政にとってさしあたりつぎの三点が重要であることがわかる。第一に、日本は今後、これまでのように車を売って糧を得る政策を改め、徐々にではあれ、農産物を自給する方向に向かうべきである。そしてそれは、社会環境の保全という見地からして、企業的な経営よりも旧来の家族的な農業経営を基盤にすえたものである必要があろう。第二に、食管制度をどのレベルで維持するかは難しい問題を含むとしても、なくすべきではない。そして制度上、従来どおり生産者を保護し、消費者に対しても便宜を図っていくことが必要である。その意味で、大潟村の「ヤミ米派」の在り方は、単に違法というばかりでなく、大きな誤りを含むものだといえるかもしれない。第三に、農家は単一産品への傾斜を強めることでコストダウンを追求するのでなく、逆に多角経営や高級化などによって所得向上を図るべきである。その意味で、現在の大潟村の存在そのものが、今後の日本農業の方向性とは逆行した存在といえるのかもしれない。

（五）地理教育における日本農業の取扱い

筆者はさきに、地理教育における日本農業の取扱いに関し、一つの提言[20]をおこなった。そこでは、農業就業人口の減少や、農産物自給率の低下、一戸あたり経営耕地面積の小ささなど、日本農業の抱える数々の問題点を単に客観的に記述する傾向のある教科書の姿勢を批判したうえで、農業に前向きに取り組む農民の姿をこそダイナミックに描写していくべきだと論じた。本稿ではこれに加え、以上の論考からも明らかなように、農業の持つ環境保全機能、すなわち自然環境と社会環境、双方の保全に果たす農業の役割を、地理教育の中で積極的に伝えていくべきだということを主張して本稿の結びとしたい。

従来、地理教育の一つの弱点は、自然を扱う場合には、いわゆる環境決定論とのそしりを恐れるあまり、自然を生活から遊離させ、地形それ自体の学習とか気候それ自体の学習を助長しがちであった。他方、社会を扱う場合には、経済地理学の隆盛も物語るように、経済的側面のみを不当に強調する傾向があった。しかし今、持続可能な成長とは何かを考えるとき、農業の在り方はあらためて問い直されてよいものであり、同時に、自然と社会を結ぶ一つのメルクマールとして農業は格好の素材ともなるはずである。

〈注および文献〉

（1）平成二年産「作物統計」によれば、秋田県内のコメの生産量五九万九〇〇〇トンのうち、大潟村のそれは五万五〇〇〇トンであり、およそ九パーセントを占めている。また、平成二年「生産農業所得統計」によれば、大潟村の一戸あたり農業所得は一六七〇万円で、全国の市町村中最高であった。ちなみに、第二位は神奈川県三浦市の八六〇万円で、全国の平均は一二〇万円である。

（2）この調査は、日頃、地理教育の在り方を考えている会（名称を「地理教育会」という）のメンバーのうち一〇名が、三泊四日の日程でおこなった秋田県全域にわたる共同調査である。調査では大潟村のほか、八橋《やばせ》油田・花岡《はなおか》鉱山・大沼《おおぬま》地熱発電所等の地下資源に関する調査、田沢湖《たざわこ》町・小坂《こさか》町のリゾート開発に関する調査、秋田空港のジェット化にともなう先端産業の臨空立地に関する調査、その他を実施した。なお、その全容についてはつぎの文献に概要が報告されている。相澤善雄「地域をみる眼を養う――秋田の地域調査から――」、『地理』、第三八巻二号、古今書院、一九九三年、一二二―一二七頁。

（3）坂本氏は東北大学卒業後、北海道東北開発公庫に勤務したが、その後「翻身」して大潟村に入植した。「コメ・農業潰しに黙っていられない秋田県委員会」のリーダーの一人として、機関誌『翻身』を編集するほか、『大潟村ヤミ米騒動・全記録』（御茶の水書房、一九九〇年）など多数の著作があり、大潟村における「減反順守派」の論客である。

（4）素案はいくつかみられたが、安政年間に出された渡部斧松の「八郎潟疎水案」がもっとも早いものといわれる。

（5）秋田県大潟村発行のパンフレット「Big Country・大潟村」（一九九一年）による。

（6）なお、これと同時に第四次までの人植者に対しても一律五ヘクタールが追加配分されたが、代わりに七・五ヘクタールずつの田畑複合経営をおこなうこととされた。

（7）稲が十分に実らない青いうちに刈り取って廃棄処分すること。なお、この「青刈り事件」についてはつぎの文献でその経緯が詳しく紹介されている。

美谷克己『オラを告発しろ！――ヤミ米商・川崎磯信奮戦記――』桂ブックレット、一二、桂書房、一九九二年、二六―三六頁。

（8）しかし、国の請求したこの農地明り渡し訴訟で秋田地裁は、一九九二年三月、国側の請求を退ける判決を下した。「過剰作付けは入植者のわがままとは言い切れず、国の買い戻しは権力の濫用で無効」というのが趣旨であった。

（9）なお、最近のテレビ報道によれば、一九九二年の全国のコメ流通量の三割強がヤミ米であったという。またこれに関連する新聞報道として、一九九三年一月一七日付け『朝日新聞』、「政府米集荷目標の六割に・ヤミ米に大量流出」などがある。

（10）川崎氏には、『食糧庁殿 わたしはヤミ米屋です――「食管癒着」食糧庁・農協の利権構造を暴く――』（現代書林、一九九二年）の著書があるが、そこでは食管法の矛盾を暴くために自らヤミ米を販売したうえ、己の送検を求めてその証拠資料を食糧庁へ提出した経緯が克明に報告されている。なお、氏は当初の目的を達したとしてその後米穀商を廃業した。また、食管法違反の疑いで先頃富山県警から書類送検され（一九九三年一月一一日付け『朝日新聞』、「食管法の矛盾訴えたいとヤミ米販売・富山の業者書類送検」による）、その後起訴されて現在係争中である。

（11）例えば筆者の居住する東京都青梅市でも、大潟村農民の顔写真入りの新聞の折り込み広告が配られ（一九九三年一月）、宅配便を利用してヤミ米が公然と販売されている。

（12）坂本進一郎『コメ自由化許さず』、御茶の水書房、一九九一年、八一頁。

（13）前掲書（12）、一〇〇頁。
（14）現実には両者の勢力は相半ばする。このうち地元東北、宮城県出身の坂本氏が「減反順守派」の、滋賀県出身のK氏が「ヤミ米派」のリーダーであり、両者の間の対立には根の深いものがある。
（15）このコンバインは三名で共同利用するという条件のもとに、半額を国庫から補助されて共同で購入した。なお、大潟村ではこれら農機具を格納するための格納庫を家屋のある集落から離れた場所に計画的に設けており、家並みの美観を損ねないよう配慮している。
（16）農林水産省「新しい食料・農業・農村政策の方向」、一九九二年。
（17）なおこの点に関し、大内力氏はその著書『農業の基本的価値』（家の光協会、一九九〇年）の中で、①食料を供給する機能、②食の安全を確保する機能、③自然環境を保全・維持する機能、④社会環境を保全・維持する機能、の四点をあげて詳しく分析している。
（18）この点、大潟村にも集落のはずれに神社がある。これは開村当初、入植者によって作られたものというが、このような無機的な新生の大地にもまず神社を作ろうという発想は、農業の特殊性と農民の意識とを示しているようで興味深い。
（19）高橋良蔵「水田農業が果たす役割を米価に」（坂本進一郎・野添憲治編『翻身』、第四号、コメ・農業潰しに黙っていられない秋田県委員会、一九九二年）。
（20）戸井田克己「地理における日本農業の取扱い」、『東京都立国際高等学校研究紀要』、第三号、一九九二年、八七―九六頁。

おわりに

本書は、以下の拙稿を基にして、多少の加除修正を加えて一冊の本にまとめたものである。

第一章〜第三章　「新しき村の入植者たち——新生の大地・秋田県大潟村物語（前編）——」『民俗文化』、第一八号、近畿大学民俗学研究所、二〇〇六年、一三七—一八〇頁
第四章〜第八章　「新しき村の入植者たち——新生の大地・秋田県大潟村物語（後編）——」『民俗文化』、第一九号、近畿大学民俗学研究所、二〇〇七年、三六五—四一三頁
補遺　「国際化と日本農業——モデル農村・秋田県大潟で考えたこと——」『東京都立国際高等学校研究紀要』、第四号、東京都立国際高等学校、一九九三年、五五—六四頁

このうち、各章の本体をなす「新しき村の入植者たち（前・後）」は近畿大学民俗学研究所での仕事として、補遺とした収録した「国際化と日本農業」は前職の東京都立国際高等学校での仕事として、ともに調査・執筆をおこなったものである。それぞれの刊行年を見ればわかるように、

前者でも執筆からすでに十余年、後者では三〇年近い歳月が経過している。

本書は、日本人の主食たる米を取り巻く環境変化に大きく翻弄《ほんろう》された秋田県大潟村をテーマとした物語であり、日本現代史の一こまを描いた論文として、少なからぬ意義があるものと自負する。しかし、単行本としての上梓にかくも多くの時間を要してしまったのは、筆者の怠慢もあるが、それ以上に、公刊にあたって資金的な援助が得にくかったことがある。右のように粗原稿は早くからそろっており、出版への意欲もあったが、国の科学研究費補助金の刊行助成や、近畿大学の学内出版助成に応募したものの、なかなか希望がかなわなかった。「もう少し科学的に独創性ある表題にしてください。」というようなコメントを審査員から何度かいただいた。今回、ナカニシヤ出版の吉田千恵氏の計らいで出版の運びとなったが、この間の氏のしんぼう強い支援に感謝したい。

本書の研究母体となった近畿大学民俗学研究所（以下、民俗研）の活動について少しふれておきたい。筆者は近畿大学では、期せずして教職教育部と総合社会学部を行ったり来たりすることになったが、この間、二〇〇一年四月から二〇一五年一〇月まで、第二の所属として民俗研に加わっていた。民俗研では、毎年フィールドを設定した上で所員が各自テーマを決め、調査をおこなって機関誌『民俗文化』に成果をまとめるという活動が中心だった。右の拙稿中、「新しき村の入植者たち」の「前編」を書いた年は、たまたまフィールドが「東北地方」であったので、秋田県大潟村をテーマにして調査をすることにした。くわえて、筆者はこの年もう一編、山形県飛島《とびしま》をテーマにした「飛島の民俗――青潮に漁《すなど》る人々――」を書いており、合わせて一〇〇頁を超える大部となった。所員数名の小さな研究所だが、それまで年に二本の原稿を書く所員はおらず、それを許してくれた野本寛一所長の計らいに感謝が絶えない。

この時、「新しき村の入植者たち」を「前編」としたわけは、分量過多を控えたい気持ちもあったが、「後編」を翌年に回すことで、二年つづけて二本書きたいとの思惑があった。今年は大潟村も飛島も「東北地方」というフィールド内でのテーマで問題はないが、来年はどこか別の地域がフィールドになる。そうしたなかでも、「後編」なら大潟村のつづきとして書かせてもらえるのではないか、という秘かな思いがあった。また、「前編」の執筆時に「後編」ができていたわけではないから、翌年への宿題を自分に課すという意味合いもあった。結果、翌年のフィールドは「北海道」に決まり、「江差・奥尻民俗紀行――「青潮《あおしお》」と「白潮《しらじお》」の出会う海域――」をこの年の主論文に、大潟村の「後編」を副論文にして、この年も二本、百数十頁を書くことができた。この北海道特集号（『民俗文化』第一九号）は野本所長の退任記念号を兼ねており、学恩深い先生への感謝の気持ちを二本の論文で体現できたことは筆者にとって望外の喜びでもあった。本書『大潟村物語』には、個人的にはそんな思いもこめられている。

本書の基となった右の拙稿から多くの時間が流れた。大潟村開村当時にさかのぼればさらに長い時間が経過している。この間、いわゆる「平成の大合併」があり、市町村合併も進んだ。また、農政をめぐる法律や制度にもいくぶんか以上の変更があった。この点、本書ではそれぞれの原稿執筆当時の状況に基づいており、その後の変更をうけての修正をしていない。ご了承願いたい。

末筆になったが、調査にあたっては、語り手として木村誠一さん（第一次入植者・二世）、高野繁さん（第三次入植者）、坂本進一郎さん（第四次入植者）、千田万吉さん（第五次入植者）、そして大潟村当局の関係者として黒瀬喜多氏（大潟村村長、第五次入植者・妻）、工藤昌氏（大潟村カントリーエレベーター公社総務課長補佐）、斉藤晴彦氏（大潟村農業協同組合営農支援センター営農指導係主任）をはじめとする大潟村の皆様に多くの教示を賜りました（以上、役職は調査当時）。記してお礼申し上げます。また、写真集『モデル農村・大潟村の四〇年』（無明舎出版、二〇〇四年）の著者、金井三喜雄氏には、貴重な記録写真の転載を快諾いただきました。深く感謝いたします。

なお、本書中の図版のいくつか（例えば図7、図9など）は、筆者の草案を基に妻が清書してくれたものである。現地調査中の留守宅を預かるだけでなく、原稿執筆時には図版作成や、校正などで手助けしてくれたことにもありがとうを言いたい。

令和二（二〇二〇）年八月

蝉しぐれ降る、奈良の自宅の書斎にて

戸井田克己

【著者略歴】

戸井田克己（といだ・かつき）

東京都に生まれる。東京都立高校教諭を経て、近畿大学教職教育部へ。中学・高校の社会科教員養成に携わるかたわら、高校地理教科書の執筆にも力を注ぐ。2010年、学内に新設された総合社会学部に開設準備担当を経て移籍し、人文地理学、環境民俗学などを担当。2016年、教職教育部に再移籍した。

従来、地理教育カリキュラムやその指導法をおもな研究対象としてきたが、近年では環境民俗学（特に青潮文化論）に関する現地調査にも力を入れる。日本文化の形成過程と特質を考究し、日本人の精神的なアイデンティティを確認する作業を、教育および学問研究の両面から進めている。

現在、近畿大学教職教育部教授、博士（学術）

単著

『日本の内なる国際化―日系ニューカマーとわたしたち―』古今書院、2005年

『青潮文化論の地理教育学的研究』古今書院、2016年

共著

『近畿を知る旅―歴史と風景―』ナカニシヤ出版、2010年

『人文地理学事典』丸善出版、2013年

『Geography Education in Japan』Springer Japan、2015年

『新詳地理Ｂ』（文部科学省検定済教科書）帝国書院、2016年

『高校生の地理Ａ』（文部科学省検定済教科書）帝国書院、2017年、ほか。

大潟村物語《おおがたむら》
—新生の大地・湖底のふるさと—

2020年11月30日　初版第1刷発行　（定価はカバーに表示してあります）

著　者　戸井田克己
発行者　中西　良
発行所　株式会社ナカニシヤ出版
〒606-8161　京都市左京区一乗寺木ノ本町15番地
Telephone　075-723-0111
Facsimile　075-723-0095
Website　http://www.nakanishiya.co.jp/

印刷・製本＝モリモト印刷

ISBN978-4-7795-1510-1 C1025